高校风景园林与环境设计专业规划推荐教材

景观设计方法

张迪妮　李　磊　郭晓君　代学民　编著

中国建筑工业出版社

A E A

E A L

L A A

E A E

A E A

A A L

L A A

E A E

LA

+

EA

序 言　　　Foreword

　　20世纪90年代以来，随着中国社会的现代化脚步，传统的园林营造、私家庭园已经演变成现代城市景观设计。城市景观在公共空间设计中，如城市公园、滨水区域、广场空间、居住区景观、道路景观，拓展了空间营造的多样性。景观设计行业在21世纪的头十年中蓬勃发展。在人们日益注重生态环保以及人与自然和谐的当代意识下，景观设计在城市发展和城市发展的人文性方面越来越发挥着自身的影响力。

　　景观设计作为一个行业，在现代化趋势下，虽然为中国城市化的发展，以及人们享受美的公共空间方面起到了巨大作用，但同时，中国的景观设计也遭遇现代和传统之间如何互动的问题。有幸的是，有识之士认识到，中国城市景观的发展只有在和中国传统文化的互动中，才能找到自己的文脉价值。如中国明清时期的园林艺术，即是中国园林文化对自然美意义诠释的典型案例。因而，运用现代景观理论，融合具有中国传统文化价值的造园经验，创造出适合现代人生活居住，又有中国历史文化内涵的景观场所，已逐渐成为共识。

　　基于上述景观设计在当下的理论背景，以及本书的几位作者在长期参与景观设计实践的前提下，将自己对景观设计的认识和经验浓缩成了一本著作，即从景观设计生成思维到案例表达成图的系统性书籍。在这本书中，作者首先通过对景观设计方法学的认识和阐述，以及对多个景观设计案例的实践和研究，把当下景观设计的实践性认识，以及自己积累的景观设计经验清楚地分享给了正在学习景观设计的学生；其次还致力于景观案例的表达研究，通过解析大师作品，提升学生设计思维水平，以实际案例为媒介传达景观设计方案构成及表达规范，最后对一些知名院校多年来的快速设计案例进行点评，使学生对景观设计学习有的放矢。期望在和学生的教学互动中，实现景观设计教学的意义。

　　祝愿同学们的努力取得丰硕成果，特此鼓励，以为序。

龙协涛

　　《景观设计方法》是一本以实际项目为示范，结合学生快速设计作品为依托的关于讲解景观设计方法的风景园林、景观设计、环境设计等专业的教材。

　　景观设计集艺术与技术于一体，涉及艺术和科学两大领域，具有多学科交叉、渗透、融合的特点。如何正确地掌握景观设计的方法对学习者来说是迫在眉睫的，而在研究生入学考试、设计单位的招聘考试、专业的职业资格测试都纷纷采用快速设计表达这一形式，使得快速表达受到广大设计者及高校师生的高度重视。然而在市面上缺少从景观设计生成思维到快速设计表达成图的系统讲述的书籍。该书在景观设计方法部分系统阐述了景观设计从理论到实践的应用，融入实例使得读者易于理解。在快速表达部分融入大量快速设计表达作品实例，并对作品进行详细的评析，供广大读者分析、学习。

　　本书立足于多年来专业课程的教学实践，内容分为9个章节。第1章为景观设计及快速表达概述，系统讲解景观设计的专业使命及实践领域、景观快速表达的目的与意义；第2章为景观设计的三大核心，使读者快速掌握景观设计的精髓；第3章为景观元素设计方法及快速表达技法，以工程实践讲述景观元素的设计方法、作用并及时讲述各元素的快速表达技法，做到既教设计思维，又教图纸表达，弥补同类书籍的不足；第4章为景观生成思维，讲述景观的解构、重构、置换及衍生、生成、再生过程；第5章为现代景观设计的分类，讲述不同景观设计类型的设计方法，加入案例使读者易于理解；第6章为大师设计案例解析，通过分析国内外经典案例，使读者了解大师的设计思路，提高读者的思维层面和设计水平；第7章为景观设计方案构成及表达规范，全面讲解景观设计方案设计阶段的图纸要求及以优秀范例，使读者领会景观设计表达时的规范性；第8章为快速设计表达步骤及时间规划，讲解快速设计表达时科学合理的设计步骤及合理安排时间的方式，使设计者在设计过程中有的放矢；第9章为快速设计作品点评，首先告知读者快速设计的品评标准，分析优秀案例，使读者心中有数，再按照景观设计的类型对学生的快速设计进行全面的点评，使读者有所参考。

　　快速设计在当今景观设计相关的工作、教学、考核中具有重要的实践意义。虽然时间较短，形式较单一，但足以体现设计者的思维能力和创造能力，同时也能一定程度地反映设计者的设计表现力和艺术修养。另外，快速表现也是设计师与甲方最有效的沟通方式，是设计者推敲、比选和深化设计构思的有力工具。快速表达需要用手绘来完成，这一点是所有的设计类专业人才必须明确掌握的。手头功夫的掌握对设计者至关重要，因此作为设计师，应先培养用绘图来思考的基本习惯，并锻炼自己的手绘表现能力。风景园林、景观设计、环境设计学科的发展前景光明，随着现代化建设和城市化的快速发展，会日益引起各界的关注和重视。

　　本书面向风景园林、景观设计、环境设计及相关专业，有助于帮助低年级学生系统掌握景观的核心知识，了解景观的设计方法，同时也可作为高年级学生补充知识维度、拓展设计思维、未来单位应聘、研究生入学考试的指导书目。

目 录   Contents

01

The Landscape Design & Rapid Express Overview

第1章

景观设计及快速表达概述

1.1　景观设计的专业使命及实践领域

现代景观设计既是一种大众化的艺术，又是一种以空间设计为核心的工程技术。作为一名景观设计师，必须同时具备艺术与技术这两方面的知识技巧。

1.1.1　景观设计师的专业使命

景观设计师是从事包括环境视觉形象艺术、环境生态绿化、人类环境活动行为三方面规划设计内容的专业人员。景观设计师的专业目标是使建筑、城市和人的一切活动与地球环境和谐相处。范围包括：国土、区域、乡村、城市等一系列公共性与私密性的人类聚居环境、风景景观、园林绿地。目前景观设计师面临着土地、人类、城市及土地上所有生命的安全、健康及可持续的问题。

景观设计师的专业及核心知识是景观与风景园林规划设计，其相关专业及知识，包括建筑学、城乡规划、环境设计。

1.1.2　景观设计的实践领域

1）公园绿地

国家公园、都会公园、都市公园、都市广场、社区邻里公园、儿童游戏场等。

2）休闲游憩与旅游区

风景区、森林游乐区、休闲农场、观光果园、休闲渔业、温泉区等。

3）大型综合园区

科学/科技园区、教育园区、校园、主题园区、动植物园区等。

4）道路景观规划设计

公路景观、街道景观、林荫道路、步道与自行车道等。

5）滨水景观规划设计

河川堤防/高滩地、河滨公园、海岸景观、亲水空间等。

6）绿化美化工程，城市绿地系统规划

开放空间、公共建筑、环境艺术等。

7）生态环境与资源保护与发展

景观保育、复育、修景，视觉景观评估等。

8）城市风貌

社区总体营造、地区环境改造、社区规划设计等。

1.2　景观设计初探

1.2.1　几个相关概念的解析

1）设计的定义

《现代汉语词典》（1984）中设计——在做某项工作之前，根据一定的目的要求，预先制定方案、图样等，这里的"设"有设立、布置、筹划、安排、假设等含义。"计"有计算、测量、计划、策划、考虑等含义。

《实用英汉辞典》中对Design的解释是：作为动词有设计、立意、计划的含义；作为名词有计划、草图、风格、图案、心中的计划（设想）等义。因此Design的根本语义是"通过行为而达到某种状态、形成某种计划"，是一种思维过程和一定形式、图式的创造过程。

设计的定义是指一种有计划、规划、设想、解决问题的方法，是通过视觉的方式传达出来的活动过程。它的核心内容包括三个方面：①计划、构思的形成；②视觉传达方式，即把计划、构思、设想解决问题的方式利用视觉的方式传达出来；③计划通过传达之后的具体运用。

2）设计的特征

（1）设计的艺术性

设计的艺术性在于设计的美感使人感受视觉美，并产生空间情感，如皇宫的建筑设计，设计师要运用比例、材质、色彩、文化符号等建筑的艺术语言来表达皇权的至高无上，封建的等级制度。如图1-1所示高高的围墙，阻隔着皇宫的内外，墙上的琉璃瓦为皇室所独有，彰显着皇权和封建的等级。

（2）设计的功能性

设计的功能性即是实用性，设计要有特定的功能，要为人服务，否则设计就是空谈。座椅为使用者休息时所用，没有休息功能的座椅即是空谈；餐具为人进食时所用，没有帮助使用者进食的餐具即是空谈；灯具为使用者照明时所用，没有照明功能的灯具即是空谈。

（3）设计的科技性

设计要与时俱进，利用科技手段增强设计的创新性，如新材料、新工艺、多媒体的运用，不但没有损害设计的原创性，而且丰富了设计的科技含量，拓展了艺术的精神。

（4）设计的经济性

设计的经济性即保持设计过程中所消耗资源最低化。如工程设计要保证资源的优化配置，减少对资源的浪费，始终坚持可持续发展。这里提及的经济性不仅有经济成本的控制，而且有环境资源的成本控制。

3）景观的含义

景观是指土地及土地上的空间和物体所构成的综合体，它是复杂的自然过程和人类活动在大地上的烙印。景观是多种功能（过程）的载体，因而可被理解和表现为：

风景：视觉审美过程的对象；

栖居地：人类生活其中的空间和环境；

生态系统：一个具有结构和功能、具有内在和外在联系的有机系统；

图1-1　故宫高耸的红色围墙

符号：一个记载人类过去、表达希望与理想，赖以认同和寄托的语言和精神空间。

4）景观设计的含义

景观设计是一门综合性很强的、面向户外环境建设的学科，是一个集艺术、科学、文化、工程技术于一体的应用型学科，其核心是对人类户外生存环境的设计。所以景观设计涉及的专业极为广泛，包括城乡规划、建筑学、林学、农学、地理学、经济学、生态学、管理学、宗教文化、历史学及心理学。

1.2.2　中国古典园林与现代景观设计

1）中国古典园林

时期：夏商—清朝

特点：①源于自然，高于自然；②建筑美与自然美的融糅；③诗画的情趣；④意境的涵蕴。

服务对象：统治者、贵族。

2）现代景观设计

时期：1949年至今

特点：考虑更多的因素，包括功能与使用行为与心理环境艺术与技术等；不仅仅是停留在风格流派及细部的装饰上，而是更强调其在城市规划和生态系统中的作用。

服务对象：广大人民群众。

1.2.3　景观设计的目的与依据

1）景观设计的目的

①使用目的；②美化环境；③满足人的精神需求（包含生理和心理）

景观设计是处理人工环境和自然环境之间关系的一种思维方式，一条以景观为主线的设计组织方式，目的是为了使无论大尺度的规划还是小尺度的

设计都以人和自然最优化组合和可持续性的发展为目的。

2）景观设计的依据

①依据科学，即景观设计是技术与艺术的结合，这就要求其符合科学技术与国家规范。

②经济条件，即景观设计要考虑经济成本，包括甲方的经济成本预算、设计带来的社会经济效益，这都是景观设计所要考虑的经济范畴。

③社会需求，即景观设计的社会需求性，设计之初一定是社会需要在某处建造景观，而不是盲目建设，不符合社会的需要。

④功能要求，即景观设计的实用性，景观设计不是一纸空谈，是要落到空间的实体，不同的景观空间要有不同的景观功能，包括休闲功能、观赏功能、生态功能、学习功能、体验功能、保育功能等。

1.3　景观快速表达的目的与意义

1.3.1　快速表达是景观设计教学的重要内容

快速表达是景观设计教学的重要内容，它是设计师交流的语言（图1-2），在课程设计或是与甲方沟通时，图纸的准确程度直接影响着设计的成败，正确掌握快速表达的方法技巧使得学生在设计生涯中少走弯路。

1.3.2　快速表达训练设计者思维创新能力

快速表达可以提高设计水平，提升设计思维和创新能力。快速表达的过程是学生及设计师进行"头脑风暴"的过程：在其中去粗取精、整合设计，提升设计速度，拓展思维广度，在快速表达的过程中灵感碰撞，从而得到好的成果。

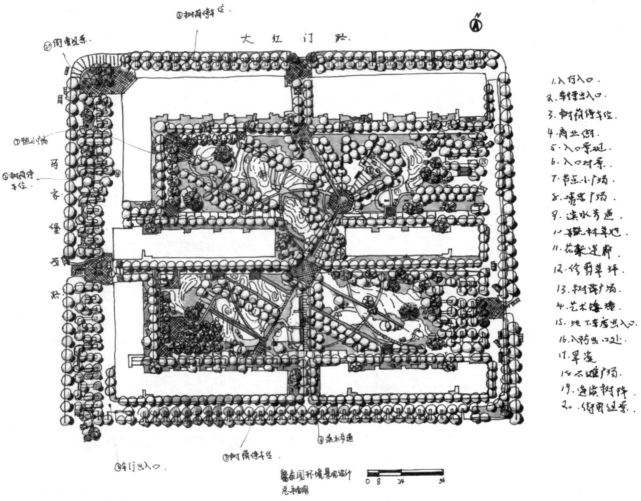

图1-2　设计草图

1.3.3　快速表达是风景园林、景观设计专业工作与考研的重要技能

近年来，在我国景观设计从业人员人数逐年增多的情况下，快速表达成为设计公司招聘人才、硕士研究生入学考试、博士研究生入学考试、国家注册建筑师等职业考试采取的一种有效方式，并在设计工作中广为应用。

采取快速表达的方式选拔人才是在几小时内完成设计，考查内容覆盖了从审题、把握设计要求、整理设计要素、设计构思、绘图到版面规划一系列完整的过程。能在较短的时间内，真实反映出设计者的设计潜力、图面表达的功底等综合能力。

通过快速表达，用人单位或高校可以在较短时间内最大程度地了解一名设计者的专业功底、设计思辨能力与图纸表现能力，而且能够一定程度地反应设计者的内涵和艺术修养。快速表达从表象来看，仅是一个快速表达的形式，实质则是设计基础、设计技能、设计方法，以及设计综合素质等方面的综合体现，是要通过漫长的学习、训练、观察、沉淀才能保质保量地完善这一技能。

在工程实践中，甲方有可能要求在最短的时间内完成设计内容，那么在设计过程中快速表达便是与甲方沟通的最好途径。在双方达成设计共识后再做相对精细的方案设计，是目前设计公司普遍的做法。

02

Three Cores of Landscape Design

第2章

景观设计的三大核心

2.1 生态环境——景观生态学

2.1.1 景观生态学的含义

生态：是指一切生物的生存状态，以及它们之间、它与环境之间环环相扣的关系。

生态学：生态学是研究生物体与其周围环境（包括非生物环境和生物环境）相互关系的科学。

景观生态学：是研究景观格局和景观过程及其变化的科学。

2.1.2 生态主义与景观设计

19世纪六七十年代，以麦克·哈格为首的城市规划师和景观建筑师非常关注城市规划和景观设计与人类生存环境的紧密关系，他的著作《设计结合自然》奠定了景观生态学的基础。麦克·哈格认为："神话，宗教奇迹和人类发明，没有谁可与自然相媲美。"

麦克·哈格的注意力在大尺度景观和环境规划上，他将景观作为一个生态系统，地理学、地形学、土地利用、地下水层、气候、植物、野生动物都是重要因素。

麦克·哈格运用地图叠加的技术（图2-1），把对各个要素的单独的分析综合成整个景观规划的依据，将景观规划提到一个科学高度，其客观分析和综合类化的方法代表着严格的学术原则的特点。

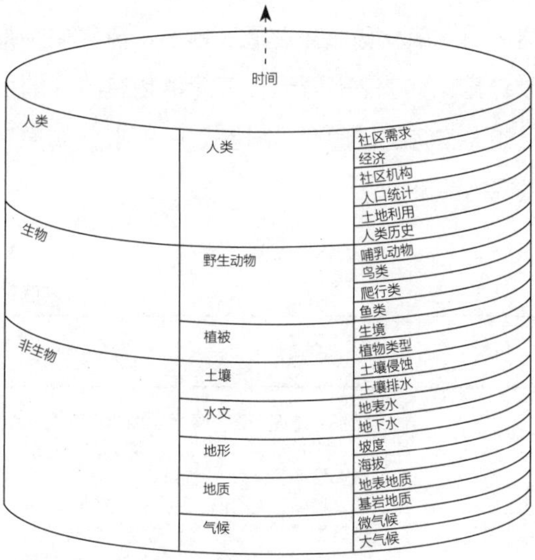

图2-1 麦克·哈格的千层饼模型

2.1.3 生态要素在景观设计中的作用

我们在景观设计中所涉及的生态要素可分为植物、水环境、气候。

1）植物

（1）植物的特点

植物是生命的主要形态之一，它包含乔木、灌木、藤类、青草、蕨类及绿藻等熟悉的生物。占据了生物圈面积的大部分。植物在地球物质和能量循环中也扮演着重要角色，如植物吸收水分，在充分光照下，二氧化碳和水转化成氧气和碳水化合物；植物的庞大根系和枝叶可储存大量水分，木质素中水合细胞中的水可以净化空气或渗入地下含水层；植物腐烂后形成的腐殖质和土壤结合后，增强土壤养分。

（2）植物在景观设计中的作用

a. 可以改善城市小气候，调节气温，减低风速形成令人愉悦的局部小环流，增加空气湿度。例如公园的树林内总是比被暴晒的马路上凉快。

b. 绿化还可以吸附空气中的污染粉尘，过滤尘埃，植物对二氧化碳、氟化氢、氯气、氮氧化物都有吸收作用。如表2-1所示，不同植物有不同的抗性。又如道路旁的行道树（图2-2），吸收汽车尾气及空气中的污染。

图2-2　道路旁的行道树（李磊 摄）

不同植物具有的抗性　　　　　　　　　　　　　　表2-1

抗性	植物名称
抗二氧化硫	女贞、法国冬青、臭椿、构树、泡桐、桑树、悬铃木、龙柏、国槐、刺槐紫穗槐、石榴树、竹节树、小叶榕、大头茶、夹竹桃、幌伞风、山黄麻、花曲柳、旱柳、山桃、黄菠萝、赤杨、紫丁香、紫薇、梅花、山茶花、杜鹃、茶条槭、忍冬、檬柳、叶底珠、枸杞、水蜡、柳叶绣线菊、银杏、龙牙葱木、刺榆、东北赤杨、侧柏、白皮松、云杉、香柏、加杨、毛白杨、马氏杨、柿树、君迁子、核桃、褐梨、小叶白蜡、白蜡、北京丁香、火炬树、栾树、华北卫矛、桃叶卫矛、胡颓子、桂香柳、板栗、太平花、蔷薇、珍珠梅、山楂、询子、欧洲绣球、木槿、雪柳、黄栌、朝鲜忍冬、金银木、连翘、小叶黄杨、大叶黄杨、五叶地锦、木香、金银花、英援、菖蒲、鸢尾、玉簪、金鱼草、蜀葵、野牛草、草莓、晚香玉、鸡冠花、酢浆草
抗二氧化碳	紫薇、紫藤、木槿、蜀葵、夹竹桃、芦荟、石榴、丁香、棕榈、广玉兰、无花果、木芙蓉、石竹、百合、杨梅、合欢、天竺葵、爬山虎、黄杨、美人蕉、水仙、菊花、鸡冠花、腊梅、金橘、山茶、桂花
抗氟化物	银杏、大叶黄杨、丁香、樱花、女贞、云杉、白玉兰、紫藤、一叶兰、菊花、蜀葵、夹竹桃、凤尾兰、桂花、杨梅、合欢、天竺葵、橡皮树、白皮松、侧柏、构树、胡颓子、臭椿、龙爪柳、垂柳、泡桐、紫薇、紫穗槐、连翘、朝鲜忍冬、金银花、欧洲绣球、小叶女贞、海州常山、接骨木、地锦、五叶地锦、营蒲、鸢尾、金鱼草、万寿菊、野牛草、紫茉莉、半支莲、鸡冠花、月季、山茶
抗氯气	银杏、丁香、樱花、女贞、云杉、悬铃木、白玉兰、含笑、紫藤、紫薇、木槿、夹竹桃、凤尾兰、棕榈、木芙蓉、石竹、合欢、桂花、天竺葵、花曲柳、桑树、旱柳、银铆、山桃、皂角、忍冬、水蜡、榆树、黄菠萝、卫矛、茶条槭、刺槐、刺榆、剡玫、枣树、紫穗槐、复叶槭、小叶朴、加杨、檬柳、臭椿、叶底珠、连翘、桧柏、侧柏、白皮松、皂英、刺槐、毛白杨、加杨、接骨木、山桃、欧洲绣球、檬柳、大叶黄杨、小叶黄杨、虎耳草、早熟禾、鸢尾、五叶地锦、鸡冠花、月季
抗乙烯	悬铃木、女贞、紫叶李、榆树、大叶黄杨
抗二氧化氮	大叶黄杨、女贞、泡桐、茶花
抗臭氧	银杏、悬铃木、女贞、五角枫、榆树、大叶黄杨、樱花、石榴树、白掌、常春藤、垂叶榕、硕桦、报岁兰、四季兰
抗汞污染	女贞、丁香、大叶黄杨、小叶黄杨、刺槐、毛白杨、垂柳、桂香柳、义冠果、小叶女贞、连翘、紫藤、木槿、欧洲绣球、榆叶梅、山楂、接骨木、金银花、海州常山、美国凌霄、常春藤、五叶地锦、含羞草
带尘能力强	银杏、女贞、悬铃木

c. 防治生物污染，植物的阻尘功能可以减少很多借助空气灰尘传播的细菌。

d. 大量植被可以将噪声发源地隔离开（图2-3）。

e. 大量的多种植被相结合的绿地可以给昆虫、鸟类提供栖息场所。

f. 植物还给人提供视觉上的享受。植物随着季节生长凋落，花朵和叶子的颜色变化，丰富植物景观的季相变化（图2-4）。如春季的郁郁葱葱，夏季的枝繁叶茂，秋季的秋枫红叶，冬季的银光素裹。

g. 通过植物气味缓解人的精神压力。如薰衣草可能安定情绪，净化、安抚心灵，减轻愤怒和精疲力竭的感觉，对惊慌和沮丧的状态很有帮助。

图2-3　植被把道路的噪声与居住区隔开（李磊 摄）

图2-4　植物景观的季相变化（曹福存 摄）

2）水环境

地球上存在着提供人类生存繁衍的五大生态圈：大气圈、水圈、岩石圈、土壤圈和生物圈。水环境是人类生存必不可少的。

（1）水环境的含义

水环境是指自然界中水的形成、分布和转化所处空间的环境。是指围绕人群空间及可直接或间接影响人类生活和发展的水体，其正常功能的各种自然因素和有关的社会因素的总体。

水是生物生存的必不可少的物质资源，是构成优良景观的必须资源，除了供人类饮用维持生存外，水资源还是农业，工业等产业必不可少的物质基础。

（2）水环境的景观应用

水体给我们带来的景观上的享受，湖、河、叠水、喷泉都用到水。水景往往成为景观灵动的空间，因为人有亲水性的特点，往往水景周边聚集大量人群，又可调节局部小气候。在此简单叙述，第3章详细讲解水景的有关知识。

3）气候

（1）气候

气候是长时间内气象要素和天气现象的平均或统计状态，时间尺度为月、季、年、数年到数百年以上。气候以冷、暖、干、湿来衡量，通常由某一时期的平均值和离差值表征。气候的形成主要是由于热量的变化而引起的。气候包括温度，湿度，气压，风力，降水量，大气粒子数及众多其他气象要素在很长时期及特定区域内的统计数据。

（2）气候带

古希腊人最早提出气候带的概念，并以南、北回归线和南、北极圈为界线，把全球气候划分为热带、南温带、北温带、南寒带、北寒带5个气候带。气候学家阿利索夫提出的以盛行气团为主、海陆位置为辅的气候分类。他根据盛行气团和气候锋的位置及其季节变化，将全球气候划分为赤道带、热带、温带、极带4个基本气候带和副赤道带、副热带、副极带3个过渡气候带。除赤道带外，其他各带南、北半球各有一个带。基本气候带终年盛行一种气团，过渡气候带盛行的气团随季节而变化。除赤道带外，其他气候带再分为若干气候型，如大陆型和海洋型、大陆东岸型和大陆西岸型。前两型是海陆性质差异引起的，后两型是环流条件不同形成的。

（3）不同气候类型对景观的影响

a. 年度、季节和日间温度影响景观季相变化、建筑设计。

在年度、季节和日间温度不同的情况下出现了景观的季相变换，一年四季不同美景的出现（图2-5）。

不同气候类型也影响着不同的建筑设计，如陕北的窑洞，窑洞上面有很厚的黄土，泥土传热慢，散热也慢。冬天的时候，外面的气温很低，厚厚的泥土能保暖；夏天，泥土屋顶能遮挡火热的太阳暴

图2-6　陕北的窑洞

晒，窑洞里又比较凉快（图2-6）。

b. 降雨量、风速、风向、光线影响植物类型、道路设计、建筑物设计及朝向。

降雨量、风速、风向、光线影响植物类型、道路设计、建筑物设计及朝向，例如不同的植物需要不同的水分，有的喜湿但怕水涝，在植物种植设计时就应充分考虑降雨量对植物生长的影响。道路设计与降雨量有关，道路要考虑排水、防洪，众所周知道路的纵坡、横坡及材质就影响着排水、泄洪的快慢程度。风速、风向影响建筑物设计，利用合理的风速、风向进行建筑物的设计，即可创建适宜的城市环境，从而利于建筑通风，营造舒适的建筑环境。光线影响建筑物设计及朝向，好的建筑应保障充足的采光（图2-7），朝向应满足最大的朝阳面。同时不同的地区、不同的建筑类型应满足符合国际标准的满窗日照时间。以吉林省为例，一般住宅建筑、一般服务性建筑、热加工车间的生活间的满窗日照时长应为1~2小时；教学楼、办公楼、公共建筑、一般车间的满窗日照时长应为3~4小时；托儿所、幼儿园、疗养院、潮湿车间的满窗日照时长应为5~6小时。

（4）微气候

a. 室内环境属于人们日常生活的小环境，这种特定环境下的小气候我们称之为微气候。

图2-5　图片依次为春季景观、夏季景观、秋季景观、冬季景观

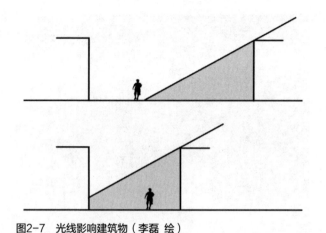

图2-7　光线影响建筑物（李磊　绘）

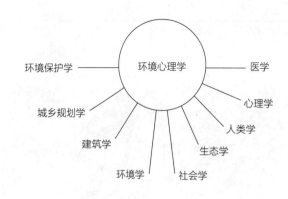

图2-8　环境心理学涉及的学科

b. 利用微气候学原理，进行景观设计。

消灭酷热、寒冷、潮湿、太阳辐射的极端情况；根据太阳的运动调整社区、场地和建筑布局；引进水体、降低湿度，充分利用临近水体的有益影响；保护现存的植被，在需要的地方引进植被。

景观生态学的领域还有许多未知的内容，需要我们去探索研究和实践，这不仅仅是对景观设计师们，乃至对全人类都提出了更高的要求。随着科技的发展，新技术、新研究也层出不穷，也有利于景观生态规划设计的发展。未来的景观应该是尊重自然的、生态的、健康的、可持续发展的，有利于全人类和各种生物、环境的协调发展。

生态的设计应作为设计途径的进化和延续，而非突变和割裂。设计尊重自然，同时，缺乏文化含义和美感的伪生态的设计是不能被社会所接受的，因而最终会被遗忘和被淹没，设计的价值也就无从体现。生态的设计是应该的、也必须是美的。

2.2 大众行为——环境心理学

2.2.1 环境心理学的含义

环境心理学是研究环境与人行为之间相互关系的学科，着重从心理学和行为学的角度，探索人与环境的最优化，涉及心理学、医学、社会学、人体工程学、人类学、生态学、规划学、建筑学以及环境艺术等多门学科（图2-8）。

2.2.2 环境心理学的任务

环境心理学就是力图运用行为、心理学的一些基本理论方法与概念来研究人在城市与建筑中的活动及人对这些环境的反应，由此反馈到城市规划与景观、建筑、室内设计中，以改善人类生存环境。

2.2.3 人的行为

关于行为习性，并没有严格的定义。它是人的生物、社会和文化属性（单独或综合）与特定的物质和社会环境长期、持续和稳定地交互作用的结果。人类对环境感知模型如图2-9所示。

1）动作性行为习性

（1）抄近路

就近性是指人们到达某个地点的方便程度。两点之间直线最短，人们要寻求最便捷的行走路线。如图2-10所示，林下空间给予路人多重选择，但在没有明确道路的前提下，人会选择最捷径的行走路线到达目的地。

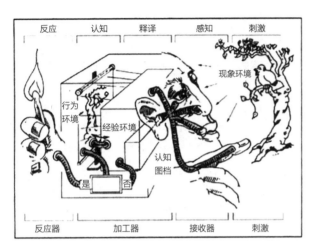

图2-9　从感知开始在人大脑中连锁反应的模型（图片来源：参考文献［9］）

图2-10　方便抄近路行为习性的林下空间（李磊 摄）

图2-11　人的依靠性（李磊 摄）

图2-12　人看人，其乐无穷

（2）靠右（左）侧通行

人们在行走的过程中会有意识地靠右或左侧通行，试想在道路中行驶的机动车如果不靠一侧通行，而在道路中央，会是极其不安全的。同理，人行走在步行街上，两侧分别有不同方向的人流，行走在中央会是无法行走且不合理的。

（3）依靠性

依靠性是指周围环境是否有一定的私密性，能使人获得足够的安全感。如栏杆、隔墙、座椅、花池的边缘总是聚集了更多的人群（图2-11），这些都可作为依靠点。

2）体验性行为习性

（1）看与被看

大多数人在休息时，常常愿意选择面对人们活动的方向，看与被看的行为规律早就为众多的调查研究所证实。对别人保持好奇心几乎是所有人的本性，在对他人的观察之中，人们借此判断自己与大众的关联性，并由此而获得心理上的认同感和安全感。所以说，"人看人，其乐无穷"。再如我们行走在街上，我们会看到别人，别人同样也看到我们（图2-12）。

（2）围观

人类有猎奇的心理，围观看热闹便成为人的常态（图2-13），为了方便围观，在设计时常用的方

图2-13　人们围观看表演

法如在看演出时隆起舞台或提高后排座位的高度。

（3）安静与凝思

人要劳逸结合，我们劳累了一天，总要安静地休息，有人愿意看书，有人愿意品茶，这都是安静与凝思的需求。

2.2.4　人的心理与行为

1）私密性

私密性是人对人际界限的控制过程，它包括限制与寻求接触双向的过程。人在特定的时间与情境里，有一个主观的与他人接触的理想程度，即理想的私密性，因此，私密性也是寻求人际关系最适化过程。人的私密性要求并不意味着自我孤立，而是希望有控制、选择与他人接触程度的自由。

调查表明，人们总是设法使自己处于视线开阔，但本身却又不引人注目，而且不太影响他人的地方。

2）领域性与个人空间

人们常常根据不同的场合、不同的对象，下意识地调整着他们之间的距离。关系越是亲密，空间距离就越小。一旦有人打破了这种潜在的空间距离规律，就会引起其他人的不安。

说到领域性与个人空间，我们举一些数据上的

例子。

0～0.45m为亲切距离，此距离是人们与亲人朋友交谈的合理距离。

0.45～1.2m为个人或私交距离，此距离是与陌生人说话的安全距离。

1.2～3.6m是社会距离，此距离使人有了领域感，安全感。

3.6～8m为公共距离，此距离使人不会与周边陌生人有所交集。

3）边缘效应

在我国城市广场中发现，几乎所有的边界，都聚集了更多的人群。因为边缘界面总是给人一种控制环境的感觉，这些明显的分界线，不仅能够提醒使用者所占的区域范围，而且也帮助他们不会在无意间闯入别人的领域。

人们对空间私密性的要求，也会表现在边缘效应上。空间的边界，既能使自己与他人保持距离，在别人面前不会过多的显露自己；又能与他人保持若即若离的联系，对可能发生的情况随机应变（图2-14）。

2.2.5　环境心理学在景观设计中的应用

1）景观设计应符合人们的行为模式和心理特征

在进行景观设计时，作为设计师、高校师生一定要切记所设计的服务对象多数为人类，那么在设计时就要时刻考虑人们在所设计景观空间中的行为模式和心理特征。

2）认知环境和心理行为模式对组织空间的提示

（1）空间的秩序

空间的秩序指人的行为在时间上的规律性或倾向性。这一现象在环境中是非常明显的。例如火车站前广场的人数每天随着列车运行的时间表而呈周期性的增加或递减。

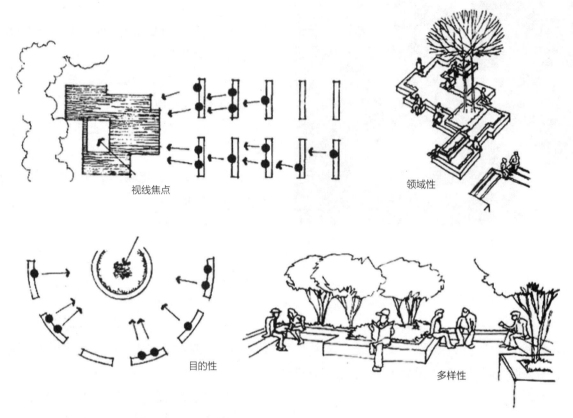

视线焦点　　　　　　领域性

目的性　　　　　　多样性

图2-14　座椅的边缘效应（图片来源：大众行为与公园设计）

（2）空间的流动

空间的流动指空间随着人的移动发生变化。当人到广场活动，广场就变成了人活动的场所；当人移动到公园活动，公园便成为这群人活动的场所。

（3）空间的分布

在人们的行为与空间之间存在着十分密切的关系和特性，以及固有的规律和秩序，而从这些特性可看出社会制度、风俗、城市形态以及建筑空间构成因素的影响。将这些秩序一般化，就能够建立行为模式，设计师可以根据这一行为模式进行方案设计，并对设计方案进行比较、研究和评价。

3）使用者与环境的互动关系

人们由于年龄、性别、生活环境、宗教信仰、种族的不同，对环境的需求就有所不同。如图2-15

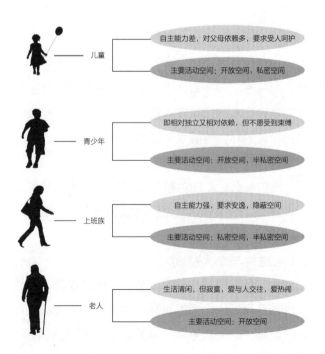

儿童　　自主能力差，对父母依赖多，要求受人呵护
　　　　主要活动空间：开放空间，私密空间

青少年　即相对独立又相对依赖，但不愿受到束缚
　　　　主要活动空间：开放空间，半私密空间

上班族　自主能力强，要求安逸，隐蔽空间
　　　　主要活动空间：私密空间，半私密空间

老人　　生活清闲，但寂寞，爱与人交往，爱热闹
　　　　主要活动空间：开放空间

图2-15　使用者对空间的使用需求（李磊　绘）

所示，揭示了儿童、青少年、上班族、老人对空间的不同需求。

　　人的心理影响着人的行为，人的行为影响着景观设计，设计只有是以人文本的，才是科学合理的。

2.3　空间形态——空间设计基础

2.3.1　构成空间的要素

　　构成空间的三大要素——"地""顶""墙"。

　　试想在一个房间内，有了地面、墙体、顶才有了空间感的存在。在景观中地面可以为草地、湖泊。墙体可以为绿篱、花篱、景墙。顶可以为廊架亦可为天空。

2.3.2　空间的限定

　　地、顶、墙是空间的基础，但人类对空间要有领域感、场所感，这就要求我们对空间进行限定，空间限定的形式有围合、覆盖、设置、隆起和下沉、材质的变化（图2-16）。

　　（1）围合：也就是通过围起来的手法限定空间，中间被围起的空间是使用的主要空间。例如我

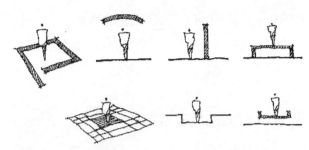

图2-16　空间限定的形式（图片来源：景观设计原理，参考文献［7］）

国古代的四合院是比较典型的利用围合去营造的空间。

　　（2）覆盖：下雨天大街上，撑起一把伞，伞下就形成了一个不同于街道的小空间，这个空间四周是开敞的。又如景观中的廊架。

　　（3）设置：也称为"中心的限定"。任何一个物体置于原空间中，它都起到了限定的作用。例如景观中的雕塑，就起到了限定空间的作用，使空间以雕塑为核心形成了场所空间。

　　（4）隆起和下沉：通过高差变化形成隆起或是下沉的相对独立空间。

　　（5）材质的变化：相对而言，变化地面材质对于空间的限定强度不如前几种，但是运用也极为广泛。如操场中心的草坪一般是可以踢足球的场地，而四

图2-17　通过材质变化限定空间

周的环形跑道又有不同于足球场的其他空间特性，这就证明材质的不同可划分不同的空间。如图2-17所示，石材与草坪把空间的功能分成不同的功能特性。

2.3.3　空间的尺度与界面

1）景观可见性的三大门槛

（1）景观空间感的尺度

20~25m见方的空间，人们感到比较亲切，其中的交往是一种朋友式的关系，这是创造景观空间感的尺度。

（2）景观场所感的尺度

距离超出110m的空间，肉眼只能辨出大至的人形和大致的动作，这一尺度是广场尺度，这也是形成景观场所感的尺度。

（3）景观领域感的尺度

300m的尺度是创造深远宏伟感觉的界限，这是形成景观领域感的尺度。

2.3.4　景观空间构成的丰富性

在我们进行空间设计时，去融入一些景观空间构成的元素如土地、水体、植物、建筑等这些都可以丰富我们的空间。

如图2-18所示，植物融入对空间的影响，上图左侧为房屋，右侧为人行道和车行道，就此图而言，空间划分不明，房屋没有私密性。而下图融入了树木、绿篱和围栏，使房屋的私密性增强，又可使房屋免受噪声的干扰，还可吸收空气中的污染，优化房屋周边的小气候，美化环境。

如图2-19所示，地形变化对空间的影响，利用上述所讲的空间下沉方式，设计地形变化，使空间更有层次，丰富景观效果。

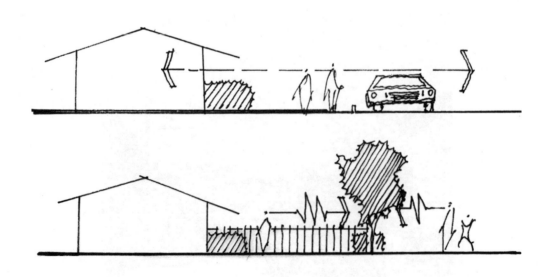

图2-18　植物地融入丰富空间（李睿煊　绘）

图2-19 地形变化丰富空间（来源：康丽 绘）

03

Landscape Element Design Method & Express Skills Quickly

第3章

景观元素设计方法及快速表达技法

3.1　置石

　　置石也称为山石，是景观设计的主要元素之一，随着社会经济的发展，人们对居住要求和精神需求越来越高，山石的应用也越来越符合现代情趣，赋予景观空间新的设计内涵，景观中因为有了置石，增加了更多的野趣、内涵和厚重。置石本身就具有一定的形状特征，或酷似风物禽鱼，或若兽若人，神貌兼有；或稍以加工，寄意于形。

3.1.1　置石的概念

　　置石是以石材或仿石材布置成自然露岩景观的造景手法。通过结合挡土、护坡或者以种植床和器设的表现方式，对景观空间进行点缀，增添韵味和艺术气息。

3.1.2　置石在景观中的设计方法及作用

1）置石在景观中的设计方法

　　置石在景观中的运用方法主要有特置、对置、散置、山石器设、山石花台，同园林建筑相结合的置石、塑石等7种。

　　（1）特置

　　特置也叫孤置（图3-1），通常运用在园林入口、漏窗、地穴等处的对景和障景，大多数是由体积巨大、造型独特、色彩分明的整块石料制成。

图3-1　留园内采用特置方法营造的置石（李磊　摄）

　　（2）对置

　　对置主要起衬托环境作用，山石主要运用在建筑物前面对称的两边。

　　（3）散置

　　散置最常运用在布置内庭和山坡作护坡（图3-2），根据体量的不同，有大散点和小散点之分。

　　（4）山石器设

　　山石器设表现为，在景观中建筑各种石栏、石屏风、石床、石几、石桌和石凳等，为园林景观增添更多的艺术魅力和自然风光。

（5）山石花台

山石花台即用自然山石叠砌的挡土墙，其内种植花草树木（图3-3）。山石花台的合理布局运用可以减低景观环境的地下水位，形成适合的观赏高度，巧妙地对景观空间进行分割，使得山石和花木相互呼应，整体感更加强烈。

（6）同园林建筑相结合的置石

主要的运用表现有建筑入口的自然山石台阶，两旁配有山石蹲配，可增加景观中自然生动的气氛。

（7）塑石

塑石主要由钢筋混凝土或灰浆制造而成，一般在石材产量较少的地区才会使用。其特点是造型变化多样，不受自然条件约束，但是其保存年限比较短，材质也不如天然石料坚固。

2）置石在景观中的作用

（1）人文作用

置石常常可以在景观中传递出活力和生气，通过在山石上书帖题字等表达人生追求，给处于园中的人们创造了一种积极向上的人生意境，具有浓烈的人文气息。

（2）衬托主题

置石在景观中的另一作用是衬托园林主题，通过与原有园林建筑的结合，一定程度上改变了建筑物的生硬和刻板，巧妙地衬托出主题，使得园林整体景观更加和谐、美丽和自然。

（3）使用作用

通过置石可以使得现代景观呈现出人们心中的需求，或自然、或艺术、或古朴地打破地理条件的设置，使得人们可以在园林置石设计中感受独特的异地风情，自由观赏游憩。

3.1.3　置石的快速表达技法

置石形态各异，有的坚硬、挺拔；有的圆浑、曲折（图3-4）。如图3-5、图3-6所示，在表现时首先注意石块的外轮廓线；再次注意置石的纹理；最后调整置石的明暗关系，注重石块的块面关系，加大体块感的塑造。

3.2　水景

3.2.1　水景的概念

水景观，就是指以水为主要表现对象的景观元素，来展现水的各种形态、声音、色泽等。

图3-2　豫园内采用散置方法营造的置石（李磊　摄）

图3-3　豫园内采用置石营造的山石花台（李磊　摄）

图3-4　置石的墨线表现（李磊 绘）

图3-5　置石的上色表现（李磊 绘）

3.2.2　水景在景观中的设计方法及作用

1）水景在景观中的设计方法

（1）运用生态设计，营造宜人水景

水景设计要保证生态可持续性，在营造水景时应配置水生植物（图3-7），满足生物多样性，保证良好的生态循环，保证水质。

（2）因地制宜，营造自然水景

在水景设计时要考虑地形，地貌及基址周边环境，尽量按照原有地势、形态，灵活营造水景。

（3）营造人可参与的水景，满足人类需求

人有亲水性的特性，在营造水景时要有趣味性，使人愿意参与其中。如设计水景时融入观水、亲水、戏水的空间。

图3-6　置石在效果图中的表现（李磊 绘）

图3-7　水景内的水生植物（李磊 绘）

2）水景在景观中的作用

水景是景观中最具有活力的元素之一，作为造园核心历史悠久，在我国的造园学说中自古就有无水不成园之说和山无水不灵的定论，可见水景在造园中的重要性。

（1）美学作用

水体具有美学功能，是大自然界中活跃壮观的景象，利用独特的风韵和形态给人以自然美的享受，突出园林的灵动和生命力。

（2）生态作用

水有降尘、净化空气和调节湿度的作用，同时它与水生植物相依，可保持水土，形成良好的生态驳岸环境（图3-8），还能明显增加环境中的负氧离子浓度，使人感到心情舒畅。

（3）纽带作用

水体可联系两岸景观，成为联系空间的纽带（图3-9）。

（4）指向作用

水景的指向性又起到空间引导的作用。如图3-10所示，水景把游人的视线引向远处的高楼。

（5）焦点作用

水景可以成为景观空间内的焦点，如在广场中心设置喷泉，人们便会在此聚集，同时广场外的人也会注意广场内喷泉的景观。

3.2.3　水景的快速表达技法

水景出现在设计效果图中，通常是作为一种迷人的装饰。一般有静止水景和流动水景。如图3-11、图3-12所示，画静水要注意水面波光粼粼的纹理，画流动的水要注意水的流动感，重点刻画水因流动后重力而溅起的水花。在绘制水景颜色时，在保证固有色的基础上还应加入环境色和天光色方可表达出水景的灵动，与环境更加和谐。

图3-8　硬质驳岸与生态驳岸

图3-9　水体联系着两岸景观（来源：曹福存 摄）

图3-10　水景强烈的指向性（来源：李磊 摄）

图3-11　水景的表现（李磊 绘）

图3-12　水景在效果图中的表现（李磊 绘）

3.3　植物

3.3.1　植物景观的概念

植物景观，是指运用各种植物要素，在生态的原则下，通过艺术手法，充分发挥植物本身的形态、色彩、质感等自然美特征（图3-13），创造与周边环境相协调的艺术与功能空间，并具有一定的意境。植物的种类繁多，地方性强，常用的园林植物主要分为乔木类、灌木类、藤木类、花卉类、草本类（图3-14）。

3.3.2　植物在景观中的设计方法及作用

1）植物在景观中的设计方法

现代城市景观中，植物的大小、形状、色彩、质感和季相变化等形态因素可使不同区域的植物根据当地条件营造丰富的景观变化。

在植物景观中亦可模拟自然植物群落进行艺术组合。

（1）孤植

多为欣赏树木的个体美而采用此法，适合孤植的树木要求有较高的观赏价值（图3-15）。孤植树可选择姿态优美、体形高大、冠大浓荫的树木，也可选择彩叶植物、花大色艳芳香的植物、果实形状奇特丰硕的植物、树干颜色突出的植物等，孤植树一般设在空旷的草地上、宽阔的湖池岸边、花坛中心、道路转折处、角隅、缓坡等处。

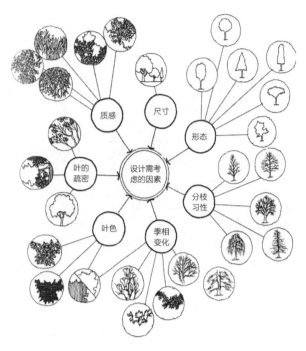

图3-13　植物形态要素（图片来源：风景园林设计，见参考文献［31］）

（2）规则式种植

在纪念性区域、入口、建筑物前、道路两旁等地方一般需要规则式布置，以衬托严谨肃穆整齐的气氛。规则式种植一般有对植和列植。对植一般在建筑物前、两侧或入口处（图3-16），如悬铃木、圆柏、雪松、大叶黄杨等；列植主要用于行道树或绿篱种植形式。行道树一般选用冠大浓荫、花果不污染环境、干性强、病虫害少、根系深的树种，如悬铃木、马褂木、七叶树、银杏、香樟、广玉兰、合欢、桊树、榆树、松树、杨树等树种；绿篱或绿墙一般选常绿、萌芽力强、耐修剪、生长缓慢、叶小的树种，如大叶黄杨、小叶女贞、黄杨、圆柏、

图3-14　图片依次为乔木类、灌木类、藤木类、花卉类（来源：李磊 绘）

图3-15　孤植（李磊　绘）

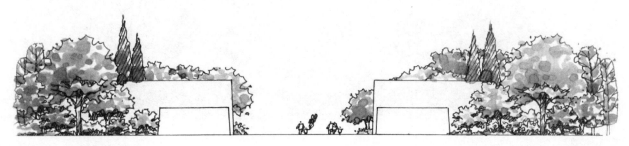

图3-16　对植（李磊　绘）

侧柏、女贞等。

（3）丛植（群植）

丛植或群植在园林中应用最多，属自然布置的人工栽培模拟群落。在种类搭配上除考虑生态习性、种间关系以外，还要考虑以叶色为主进行组合。一般采用针叶与阔叶搭配，常绿与落叶搭配，乔灌草搭配，形成具有丰富的林冠线和春花、夏绿、秋色（实）、冬姿季相变化的人工群落（图3-17）。群落上层选喜光的高大乔木如针叶树、常绿阔叶树、秋色叶树等，群落中层选耐半阴的小乔木，下层多为花灌木，选耐阴的种类置于树林下，喜光的种植在群落的边缘，地被层则选择耐阴的草本。这种群落的设计灵活性大，同样的树种在同一地点，不同的设计会有不同的植物景观效果。

（4）林植

在森林公园中表现为风景林，有纯林和混交林两种形式。纯林整齐、壮观，但缺少季相变化；混交林由多树种组成，往往有明显的季相变化，较纯林的景观要丰富一些。城市园林中林植一般出现在大的公园、林荫道旁、小型山体、较大水面的边缘等。可在林中散布的树木，多选具秋色叶特性、树干光滑、无病虫害的种类，如银杏、马褂木、奕树、元宝枫、杨树等，另有欣赏树木花期的树种，如桃花、樱花、海棠花、山桃、杏树、梨树等。

（5）植物专类园

传统的植物专类园是以品种极其丰富的种为单位进行布置，如月季园、牡丹园、兰圃等，但由于开花期观赏效果好，非花期景观效果单调，不能满足观赏要求，所以植物专类园可将范围扩大，将生态习性上多样、观赏期长、树形大小有变化的不同种、不同属、甚至不同科的种类搭配在一起，形成在面积、规模、气势、景观等方面都优胜于传统型专类园的植物专类园。如木兰山茶园、槭树杜鹃园、樱花海棠园等。

图3-17　丛植——丰富的林冠线、植物季相景观（李磊　绘）

（6）花坛、花境、花丛及花群

花坛一般设于广场和道路的中央、两侧及周围等处，花坛要求经常保持鲜艳的色彩和整齐的轮廓，因此多选用植株低矮、生长整齐、花期集中、株丛紧密、花色艳丽的种类（或观叶），一般还要求便于经常更换及移栽布置，故常选用一年生花卉。

花境中各种花卉配置应考虑到同一季节中彼此的色彩、姿态、体型及数量的调和与对比，整体构图又必须是完整的，还要求一年中有季相变化。花境在布置时，在非观赏季节景观萧条时需用其他种类来遮掩和弥补。

花丛和花群大小不拘，简繁均宜，一般丛群较小的组合种类不宜多，花卉的选择、高矮不限，但以茎干挺直，不易倒伏，植株丰满整齐，花朵繁密的为佳，如宿根花卉，花丛、花群持久而维护方便。

2）植物在景观中的作用

第2章以对植物在景观设计中的生态作用进行讲解，本章对植物在景观中的其他作用予以讲述。

（1）用植物构成室外空间，展现景观空间变化。

植物本身是一个三维实体，是园林景观营造成中组成空间结构的主要成分。枝繁叶茂的高大乔木可视为单体建筑，各种藤本植物爬满棚架及屋顶，绿篱整形修剪后颇似墙体，平坦整齐的草坪铺展于水平地面，因此植物也像其他建筑、山水一样，具有构成空间、围合空间（图3-18）、分隔空间、引起空间变化的功能。植物造景在空间上的变化，也可通过人们视点、视线、视境的改变而产生"步移景异"的景观空间变化（图3-19）。造园中运用植物组合来划分空间，形成不同的景区和景点，在园林景观设计中应用植物材料营造既开敞、又有闭锁的空间景观（图3-20），两者巧妙衔接，相得益

图3-18　植物围合空间（李磊 绘）

图3-19　植物营造步移景异的空间（李磊 绘）

图3-20　植物营造视线通透而行为阻隔的空间（李磊 绘）

彰，使人既不感到单调，又不觉得疲劳。此外，由于园林中地形的高低起伏，植物的融入会更加丰富空间的变化（图3-21）。利用植物材料能够强调地形的高低起伏，例如在地势较高处种植高大乔木，可以使地势显得更加高耸；植于凹处，可以使地势趋于平缓。在园林景观营造成中可以应用这种功能

巧妙配置植物材料，形成起伏或平缓的地形景观。

（2）美化环境，营造景观的意境之美。

植物净化空气，美化环境，遮挡不利景观的物体，优化景观视线。

植物因大小、形态、色彩和质地的不同，而充当景观中的视线焦点。防止冬季景观单一，可增加

图3-21　地形地融入丰富植物空间层次（李磊 绘）

常绿植物及观枝型树种，即可避免冬季景观的尴尬。

　　意境之美是中国式园林永恒不变的追求。利用植物营造深幽意境，是中国传统园林的典型造景风格。中国植物栽培历史悠久、文化灿烂，很多诗、词、歌、赋和民风民俗都留下了歌咏植物的优美篇章，并为各种植物材料赋予了人格化内容，从欣赏植物的形态美升华到欣赏植物的意境之美，达到了天人合一的理想境界。在园林景观创造中可借助植物抒发情怀、寓情于景、情景交融、意境高雅而鲜明。常采用比拟、联想的手法，将园林植物的生态特性赋予人格化，借以表达人的思想、品格、意志，作为情感的寄托。

图3-22　乔木-针叶树种的表现（李磊 绘）

3.3.3　植物的快速表达技法

　　植物在图面中有扩大视域，彰显自然的作用，并且提供了蜿蜒构图和虚实对比。

　　形态各异的树种，在刻画时要把握好受光部分和背光部分。首先抓住树形轮廓，画大的动势，是圆锥形、尖塔状圆锥形、长卵圆形、卵圆形、长圆球形、圆柱形、圆球形、垂枝形、倒卵形还是半圆球形；其次，刻画树枝、树叶的具体细节；再次，刻画明暗及阴影关系；最后，做整体的调整。在上色时，在保证植物固有色的前提下要注意塑造植物的体积感（如图3-22~图3-29所示）。

图3-23　乔木-落叶树种的表现　　图3-24　乔木-阔叶树种的表现
（李磊 绘）　　　　　　　　　　（李磊 绘）

图3-25　灌木的表现（李磊 绘）

图3-26 灌木球的表现（李磊 绘）   图3-27 绿篱的表现（李磊 绘）

图3-28 草本的表现（李磊 绘）

图3-29 植物在效果图中的表现（康丽 绘）

3.4　景观建筑

3.4.1　景观建筑的概念

景观建筑，指精神功能超越物质功能，且能装点环境、愉悦人们心灵的构筑物。广义来说是指除房屋建筑以外的可供观赏休憩的各种构筑物，如花架、亭子、走廊、门楼、平台等。

3.4.2　景观建筑在景观中的设计方法及作用

1）景观建筑在景观中的设计方法

（1）利用仿生，再造自然。

通过对大自然的了解分析，直接从大自然中汲取养分，获得设计素养和灵感。大自然是最淳朴、最纯真的源泉，设计师应注重、有机地利用大自然的无限资源，捕捉最真实的设计素材，如图3-30所示，上海豫园的云墙，以龙为原型，展开围墙的设计；同时，要善于发掘与现代景观建筑设计有关的体裁或素材，并用联想、类比、隐喻等手法加以艺术表现，通过景观建筑的造型、色彩、质感、体量等方面充分表现。

（2）因地制宜，环境和谐。

设计时对自然环境的保护就要因地制宜，基址分析是景观用地规划和方案设计中的重要内容，在科学分析基础上因地制宜的设计，才能使设计融于环境。如图3-31所示，苏州沧浪亭内长廊依地形而建，将建筑本身作为景观的轨迹，使长廊成为室外风景的一部分，室外风景又是长廊的延续。

（3）诗情画意，情景交融。

景观建筑设计在环境中应有意境，中国古典园林中建筑与诗画的结合，使得环境意境倍增，达到情景交融。如图3-32所示，苏州沧浪亭内景墙上漏窗，运用中国古典的吉祥纹样，情景交融，使得场所氛围油然而生。

2）景观建筑在景观中的作用

（1）景观建筑满足人类使用

景观建筑满足人类在景观中的各种功能需求，例如，休息、乘凉、娱乐、餐饮等。

图3-30　上海豫园内云墙（李磊　摄）

图3-31　苏州沧浪亭内长廊（李磊　摄）

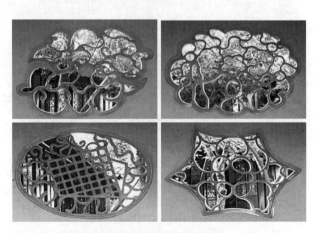

图3-32　苏州沧浪亭景墙上漏窗（李磊　摄）

（2）景观建筑是城市的标志

一个不论远近距离、速度高低、白天夜晚都清晰可见的标志，就是人们感受复杂多变的城市时所依靠的稳定的支柱。景观建筑本身就具有区别于其他建筑的显著特征，有明显的可识别性，能够成为一个地段，一个区域乃至整个城市的标志。而一组景观建筑更能形成一种有序列的标志系列，有助于人们对城市形象的记忆和识别，突出城市的特色。

（3）景观建筑统领空间

景观建筑是具有良好的景观效应或景观辐射作用的构筑物，它能够影响并组织城市景观环境，突出城市景观环境的氛围特色。城市景观环境一般是由城市原有的优美的自然环境或者人工的自然环境以及大量背景建筑和突出的景观建筑组成，城市景观建筑在这个系统环境中限定着人的视觉感受，城市整体景观环境起到统帅的作用，也正因为景观建筑的统帅作用，许多景点往往是以景观环境中主要的建筑来命名的。

（4）景观建筑是城市记忆

景观建筑在城市中以多种形式存在，有的作为个体而独立存在，例如那些在城市变迁中幸存下来的古建、塔刹或新建的一些城市地标性景观建筑，它们区别其周围的背景建筑，并随着时间的涤荡越发珍贵，能唤起人们对时代的记忆。如图3-33所示，好的景观建筑承载着城市历史，使城市的历史得以传承。

图3-33 旧貌新颜的古上谷郡牌坊（李磊 摄）

图3-34 景观建筑效果图表现（张迪妮 绘）

3.4.3 景观建筑的快速表达技法

景观建筑的快速表达如图3-34、图3-35所示，首先应注意透视关系；其次画出建筑的体块结构；再次局部刻画、丰富细节，造型阶段在同一方向上的透视应越接近地面越平缓，但要注意景观建筑的体量感；最后，按照先上浅色后上深色的顺序上色即可。

3.5 景观小品

3.5.1 景观小品的概念

景观小品的概念是指在园林景观中，具有供游人休息、装饰、照明、展示、园林管理及方便服务游人使用的设施或公共艺术。景观小品仅仅是景观设计的构成元素之一，往往得胜之处在于其精巧的构思、内涵的细腻、造型的别致。

景观小品中的"小品"一词，原来是指佛经的

图3-35　景观建筑效果图表现（来源：时坚 绘）

简本，如二十四卷本的《摩诃般若波罗蜜经》，后来进行了浓缩，于是有了七卷本的《小品般若波罗蜜经》，两者是相对的关系。因此，与"小品"相对的称为"大品"、"正品"。后来借鉴到文学艺术方面，把形式短小的散文叫小品文，简短幽默的戏剧、简短的舞蹈段子也叫小品，发展到建筑和景观上，建筑上的小点缀、居室中的小装饰也叫小品。所以在景观中，就称为"景观小品"。

3.5.2　景观小品在景观中的设计方法及作用

1）景观小品在景观中的设计方法

（1）满足审美要求

景观小品的设计首先应具有较高的视觉美感，必须符合美学原理。如图3-36所示，景观小品是一种艺术创作，应通过其外部表现形式和内涵来体现其艺术魅力。

（2）满足人的情感归宿

不同个体的社会背景因素，如民族、社会、地位、文化程度、年龄、兴趣爱好、职业等因素的不同都决定了不同的人要有不同的情感归宿。人对需求的选择以及实现其需求所采取的方式不同，所以了解不同人的情感需求对景观小品的设计起到举足轻重的作用。

（3）满足人的行为需求

景观小品的服务对象是人。人是景观中的主体，所以人的习惯、行为、性格、爱好都决定了对空间的选择。在设计景观小品时，首先，必须"以人为本"，从人的行为、习惯出发进行设计。人类的行为、生活、歇息等各种状态是景观小品设计的重要参考依据。其次，景观小品的设计要了解人的尺度，并由此决定景观小品空间尺度的最根本数据，如座椅的高度，售报亭的尺寸、花坛的高度、电话亭的尺寸、花坛的高度等。

（4）满足人的心理需求

园林景观小品的设计要考虑人类心理需求的空间形态，如私密性、舒适性、归属性等。例如在设计居住区小游园中的座椅时，仅仅只是考虑座椅的尺寸、靠背角度已不能满足现有人的需要，必须同时考虑座椅的布置方式所产生的不同交流生活方式才可以最大化的满足人群需求。

（5）满足环境的整体要求

好的景观小品一定要注意与周围的环境和谐统一，当人们看到一个景观小品时感知的是与周围环

图3-36　景观小品的艺术魅力
上图为苏州金鸡湖内景观小品；下图为第九届中国（北京）国际园林博览会内景观小品（李磊 摄）

境的整体关系。

（6）满足环境的文化传承

好的景观小品注重文脉传承、地域特色，使得人们观赏景观小品时体会历史精神、地域精神。

2）景观小品在景观中的作用

（1）美化环境

景观小品拥有自身的美感，用景观小品点缀在环境中，使环境更加和谐，增加视觉美感。如图3-37所示，上海世纪公园入口日晷形态的景观小品，装扮环境，使得入口空间更具形式感和美感。如图3-38所示，大连天津街步行街内的特色铺装，增加了场所美观度。

（2）标识功能

在很多有景观设计的居住小区、公园、旅游区、商业街等处处可见一些提示性的趣味小品。他们的设计或优雅大方，或俏皮可人，或现代时尚。他们给我们的总体感官印象总是很强烈. 会让我们觉得眼前突然一亮，这就是我们所说的标识物。他们之所以给人以强烈的视觉力量，就是要提醒大家，这就是我的家、这就是咖啡店、这就是著名的景点等等，如图3-39、图3-40所示，如此重要的提示性，使游人马上知道自己身在何处。引导性的特色小品是生活中必不可少的。

（3）信息传达

一些园林景观小品还具有信息传达的作用，可提供各种信息。如3-41所示，景点的标志牌上的平面图可给人提供有关城市及交通方位上的信息。

（4）安全防护

一些园林景观小品还具有安全防护功能，以保证人们游览、休息或活动时的人身安全，并实现不同空间功能的强调和划分以及环境管理上的秩序和安全，如图3-42所示的安全护栏、围栏、挡土墙等。

（5）使用功能

景观小品主要给游人提供户外空间环境中所需

图3-37　景观小品——美化环境（李磊 摄）

图3-38　景观小品——美化环境（李磊 摄）

图3-39　景观小品的标识功能——大连天津街内井盖，上为大连标志建筑的浮雕（李磊 摄）

图3-40　景观小品的标识功能——北京奥林匹克公园内音箱（李磊 摄）

图3-41　景观小品——指示设施的信息传达作用（李磊 摄）

图3-42　景观小品——安全防护作用（李磊　摄）

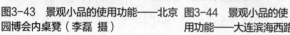

图3-43　景观小品的使用功能——北京　图3-44　景观小品的使
园博会内桌凳（李磊　摄）　　　用功能——大连滨海西路
内卫生设施（李磊　摄）

的心理、生理等各方面的需求服务，如图3-43所示，当游人累了可以找座凳休息一下，欣赏周围的景色；园路灯可提供夜间照明，方便夜间休闲活动；铺地可方便行走和健身活动；儿童游乐设施小品可为儿童游戏、娱乐、玩耍所使用；小桥或汀步可以让人通过小河或漫步于溪流之上；如图3-44所示，卫生设施方便游人保持环保意识；电话亭则方便人们进行通信及交流等等。

（6）教育警示

一些景观小品带有警示作用的形态，带给我们正能量。同时在服务设施中如宣传牌、宣传廊可以向人们介绍各种文化知识以及进行各种法律法规教育等。

3.5.3　景观小品的快速表达技法

景观小品的快速表达如图3-45所示，在图面中树池属景观小品。首先，注重与环境的整体协调性；

图3-45　树池在效果图中的表现（来源：张雨婷　绘）

其次，形体关系应明确，注意前面树池和后面树池的透视及前后关系，随后刻画树池细节；再次，注意阴影关系；最后上色即可。又如图3-46所示，景观小品尽量刻画得生动、有特色。

3.6　配景

在效果图中融入配景有助于增加图面真实感，增加生活气息，亦可丰富构图。一幅好的快速表现图如果没有人物、汽车等配景，就没有了尺度的参照物，失去快速表现的设计意图。

3.6.1　人物

1）人物在景观及快速表达中的作用

快速表现图中的人物增加着场所氛围，体现人

的参与性，在我们平时练习时应适当搜集素材，如不同年龄、不同性别、不同穿着的人物，即可运用在设计的图幅中。在练习时还应有不同的场景、不同动态的人物，如游乐场的孩子们、游泳池的人们、操场跑步或是其他运动方式的人们、骑自行车的人们、坐着的人们等等。

如图3-47所示，成人的人体比例，将人体直线一分为二，臀部在中点。将臀部到地面的距离再一分为二，膝部在中点。人体上半部分的距离也一分为二，肩在中点稍微靠上的地方。肘部和腰部放在臀与肩的距离中间。

按照头部测量身高的话，1~2岁的儿童为4倍头高，5~6岁的儿童为5倍头高，成人为7倍半头高。

2）人物的快速表达技法

在绘制人物时，如图3-48、图3-49所示，首

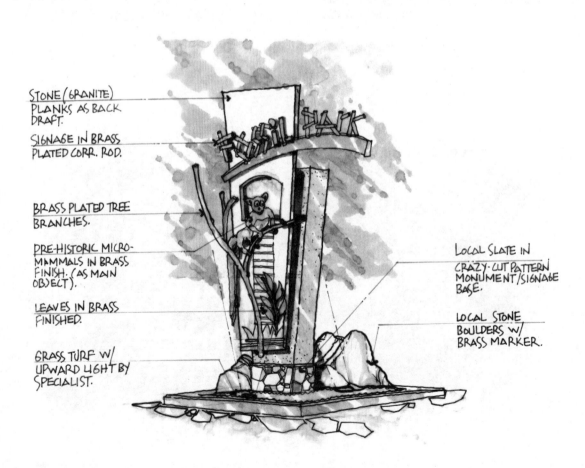

图3-46　景观小品表现（康丽 绘）

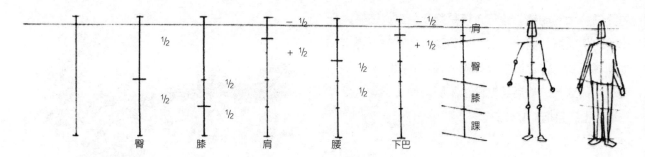

图3-47　人体比例关系（图片来源：设计快速表现技法）

图3-48　抽象人物的快速表达（李磊 绘）

图3-49　具象人物的快速表达（李磊 绘）

先要注意大的动势，是行走还是跑步；其次注意人物的比例关系，男士、女士的肩宽、臀宽等；再次刻画衣服细节，是风衣还是裙子等，衣褶的刻画要注意人体结构；最后绘制适当阴影，使之感觉人处于地面上，且增加立体感。

图3-51　机动车在效果图中的表现（王义男 绘）

3.6.2　机动车

1）机动车在景观及快速表达中的作用

　　机动车有客车、轿车类，其作为景观的配景使空间增加流动感，机动车在快速表现图中出现可以扩大视域，增加快速表现图的真实感（如图3-50）。另外机动车可以弥补构图的不足，增加图幅的吸引力（如图3-51）。

2）机动车的快速表达技法

　　机动车的零部件较多，绘制起来相对复杂，如图3-52所示：

　　（1）墨线画出透视辅助线，并绘制客车轮廓；

　　（2）绘制车窗边槛，和车窗，注意客车固有的

弧度；

　　（3）绘制透过玻璃所见客车内环境；

　　（4）完善客车其他细节，如车轮、车灯、车门、后视镜等；

　　（5）马克笔铺底色，如所绘制客车为黄色就铺黄色，蓝色就铺蓝色；

　　（6）马克笔结合彩铅绘制出客车其他构件；

　　（7）马克笔绘制透过玻璃所看到的物体颜色；

　　（8）绘制车窗玻璃环境光，一般为天光；

　　（9）用高光笔绘制车窗玻璃高光。

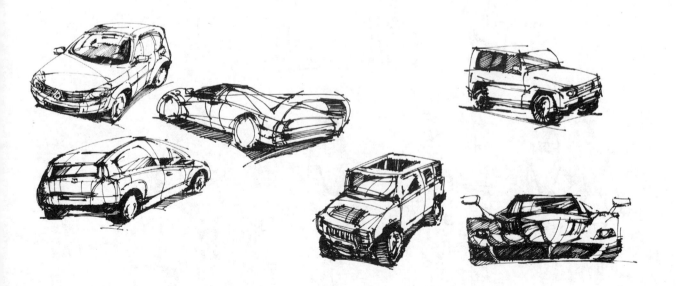

图3-50　机动车——轿车类墨线快速表达（李磊 绘）

图3-52　机动车——客车类快速表达（李磊　绘）

04

The Thought of Landscape Generation

第4章

景观生成的思维

本章以景观生成就是点线面的质变为例，阐述景墙的生成思维，以此拓展到整个景观设计中。

景观的生成，源于最初始的构成元素——点、线、面。在此，笔者以独到的论述，并以景墙为例，阐述景观生成的过程。

笔者把景观生成分为五个阶段，一是解构；二是重构；三是置换、衍生；四是生成；五是再生。下面做具体论述。

4.1 解构

在复杂的景观构成中，点、线、面皆为构成的"根"，只有抓住了根，才便于我们进行设计。

4.1.1 点线面的诠释

点，运动形成形态各异的线，继而形成面，点的界定需要从它所处的空间关系中分析。

线，是由点的各异的运动形成的，如果说点是具有空间位置的视觉单位，不存在上下左右的连接性与方向性，那么，经过运动形成的线就在各个方向上超越了作为视觉单位的点的限度，但它仍是一种形态的概括和抽象，没有固定大小，也不是固定物体的代表，线比点有着更加丰富的形态和表情。

面，几何形体中的面，只有位置，长度和宽度，没有厚度，面具有最为丰富的多样性，它的形成可以与点相关，可以看作是抽象的点形态外轮廓所形成的面。

4.1.2 点线面地融入

在分析了点线面的作用后，如图4-1所示，笔者把景观构筑物分解，在研究典型案例并画出分析草图的基础上，发现任意构筑物都可以归纳成点、线、面。因此可以说构筑物的构成都由点线面所组成。如图4-2所示，就是本案点线面地融入，在此案例中，点演变为每一个20cm×20cm的材质变换点，线演变为围栏，面演变为景墙边框。

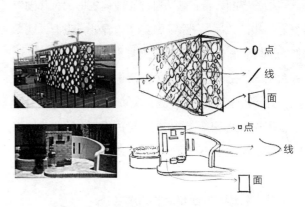

图4-1　案例分析草图（李磊　绘）

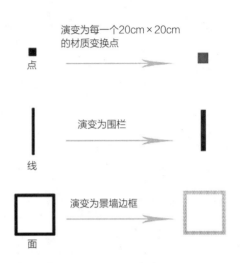

图4-2　点线面的融入（李磊　绘）

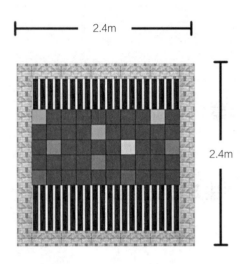

图4-3　点线面构成景墙模块（李磊　绘）

4.2　重构

4.2.1　点线面的应用，构成景墙

提取点、线、面为设计的主要元素之后，如图4-3所示，创建2.4m×2.4m的景墙模块。把点、线、面的演变应用到景墙中，成为景观构筑物，使空间变化丰富。

4.2.2　为何以景墙为例

在此之所以以景墙为例，是因为景墙是划分空间最有利的界面，著名建筑师汪国瑜先生指出，我国传统园林中的"墙"，除了做实体边界外，也把"墙"作为环境空间一种审美景观因素来对待，更多地表达围合空间的空无性及相互间的渗透、联系等特性。景墙作为景观设计的主要元素，是城市中美丽的屏风，是城市故事上演的精彩布景，是古而有之的文化形态的延续，是设计的细节和画龙点睛之处。

4.2.3　国内外景墙的发展样态

从最初的以遮挡掩蔽为目的的墙，再到防护

功能的城墙，再发展至园林中的园墙，"墙"随着建筑技术的发展而变迁。国内，墙始于新石器时代，最初功能是保护人的本体避免受到野兽的伤害，随着人类进步，墙的作用也不断扩大，不仅与家屋有关，而且与国家联系在一起，就像中华民族的骄傲——万里长城，也是墙的一种。秦汉时期的帝王苑囿及私人园林中，隔墙主要是用来划分建筑的院落。魏晋南北朝时期，隔墙在园林中出现了新的功用。《南齐书·文惠太子传》一记："……多聚奇石，极山水之妙。苦上宫望见，乃于榜门列修竹，内施高障。造游墙数百间，诸施机巧，宜应障蔽，须臾成立，若应毁撤，应手迁徙。"可见当时已有建立高的类似屏风的墙体，使之能自由活动，而使园林风致显现变化。至明清，造园手法趋于成熟，尤其是江南私家园林兴盛，隔墙有了许多极为巧妙的做法，它们在园林中的运用也非常广泛。

而在国外常用木质的或金属的通透栅栏作园墙，园内景色能透出园外。英国自然风景园常用干沟式的"隐垣"作为边界，远处看不见园墙，园景与周围的田野连成一片。园内空间分隔常用高4米以上的高绿篱。弥尔顿在《失乐园》中也把伊甸园围在篱墙内：撒旦来到伊甸，看到层林叠翠，构成

"一个森林剧场的无比庄严的景象"，而高出树梢的就是围绕乐园的"青翠围墙"。

4.2.4　点线面构成的景墙功能

一面简单的景墙，划分了空间，使得空间更加灵活多变，如图4-3所示，点状的分布形成20cm×20cm的多样的材质变换点，不仅序列分布形成面，也美化了局部空间。线的序列，此设计是7cm宽，10cm厚，上为长40cm下为长60cm的木围栏，每块之间相隔3cm，使之虚实相间，远看可成为面，近看有障景之功效。面起到了界定作用，使得整体成为2.4m×2.4m的景墙模块。使得景墙即可观赏，也可使游人在附近小憩。

下面将景墙造型的不同所形成的不同空间作用进行归纳总结（表4-1）。

4.3　置换，衍生

4.3.1　色彩和质感的变化

丰富的色彩及质感变化，造就丰富的空间及心理感受。

色彩给我们不同的色彩心理，例如树是绿色的，天是蓝色的，水是透亮的蓝绿色，石头是灰色的。而此提及的色彩，是为了突出景观的辨认性，象征性。一面拥有鲜亮颜色的墙，富有景观表现力，给人带来更加丰富的情感体验。如图4-3所示，丰富的色彩可以在墙的表面附加多种的信息，使空间造型的表达具有广泛的可能性与灵活性。心理学家近年提出许多色彩与人类心理关系的理论。当视觉接触到某种颜色，大脑神经便会接收色彩发放的讯号，即时产生联想，作为设计师的我们，

造型及空间（李磊绘制）　　　　　　　　　　　　　　　表4-1

造型	分类	所营造空间特点
点墙	点状景墙	单体景墙都可以视为空间中的某一点。呈点状的景墙可以形成视觉的张力，交汇视觉的中心，是锁定空间的利器
线墙	直线景墙	直线可以广泛地用于边界的限定。直线形式的景墙可以明确的划分空间，又有良好的指引性
	斜线景墙	有冲破空间界面的动感，具有飞越性
	曲线景墙	曲线显得温情，有韵律的美感，能够显示优雅的情调，曲线景墙柔化空间，活化空间层次
	折线景墙	直角折墙运用较多，两边相互垂直就可以形成半包围的空间
面墙	不规则面状景墙	不规则面形突出景墙的形体，多强调不规则面所带来的艺术性。使空间趣味丰富，空间通透
	正方形景墙	景墙的长，宽基本一致，此形状平稳大气，有稳重之感
	长方形景墙	此种景墙可随着内部造型的变换呈现出各种人所需要的理想空间
	正梯形景墙	此种景墙可给人威严，庄重之感
	倒梯形景墙	倒梯形给人极不稳定感，往往会成为视觉中心
体墙	体状景墙	变化体现在自身厚度的变化上，表现出在平面上产生纵向的进深。给我们厚重的体量感

要能借色彩的魅力，勾起一般人心理上的联想，从而达到设计的目的。如图4-3所示的色彩，非常明快，给人以活泼的感觉。下面讲解在景观设计中主要色彩一般给人的心理感受：

白——明快、洁净、纯真、神圣……

黑——严肃、寂静、绝望、悲戚、力量、精深、正式、神秘……

灰——中庸、平凡、温和、稳重、成熟……

红——热情、华贵、愉快、喜庆、刺激、愤怒、欲望、速度……

橙——热烈、扩张、华丽、柔和、阳气、竞争、平衡、温暖……

黄——享受、幸福、乐观、希望、温暖、扩张、轻巧、振动、强烈……

绿——和平、湿润、茂盛、健康、青春、生长、久远……

蓝——和平、稳定、和谐、凉爽、湿润、收缩、沉静、理智……

紫——优雅、高贵、神秘、不安、柔和、软弱……

除了色彩的上述表情之外，其冷色系和暖色系在相同面积时给人以收缩和膨胀感觉等不同感受，色彩明度的高低给人以轻重感；色度越趋向纯、色调越趋向暖，就愈给人以兴奋感，反之则增加沉静感。所以在不同的空间要正确使用色彩。根据不同的环境及气氛需求，选择不同的色彩进行墙面处理，可以改善空间比例，增加空间层次，丰富空间内容，达到事半功倍的效果，如图4-3所示，明快的色彩使人有愉悦之感，如图4-4所示，颜色更为明快，使游人感觉空间变换更为丰富，增加了人的亲近心理，使景墙参与了人类活动，使景墙在环境中的功能更好地得以体现。

材质的质感只有和环境的气质统一到一起，并且能处理好各自之间的矛盾才能最大地发挥质感美，作为设计师，要运用得当，就必须首先了解材料，然后才能抓住环境的精神。

下面将景墙中经常使用的材料与景观的质感营造进行分析归纳（表4-2）。

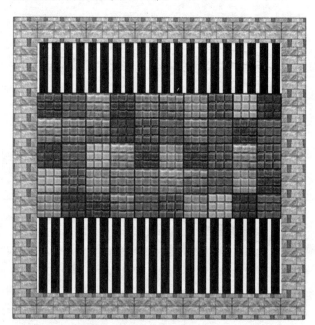

图4-4　景墙色彩变幻（李磊　绘）

材料与景观的质感营造（李磊绘制）　　　　表4-2

质感	材料	说明
粗糙	花岗岩	花岗岩的表面有多种处理手法。可形成粗糙表面如有机刨、剁斧、斩假、荔枝、火烧面等。可使空间显得沉稳、大气
	自然石	景墙中经常用到的自然石为毛石。毛石墙面粗糙，一般作用为挡土。适合比较自然的环境
	混凝土	混凝土可塑性很高。除了常用作"墙芯"材料外，其外表也可经过处理形成各种纹理。如使用粗木板在水泥墙面上印出木纹，可产生粗糙的木纹效果，或在墙上加以锤剁便会产生出其他效果
	其他贴面	一些贴面亦可产生粗糙的面层效果。如卵石、水洗豆石、蘑菇石、文化石等。这些面层颜色鲜明、纹理丰富，可适应不同的环境氛围

续表

质感	材料	说明
平滑	花岗岩	当花岗岩进行磨光、抛光处理时，表面则呈现光滑镜面，并有斑点状花纹
	木材	木材拥有特殊的自然纹理和较好的可塑性。可用于装饰墙面或制成格栅。根据其表面光洁程度，木材有不同的观赏特性，从精制木材到天然原木。粗壮的木材或枕木也可做挡土墙之用
	混凝土	混凝土的使用广泛且可塑性高。除了可以塑造出不同的形状花纹外，也可直接使用清水混凝土，形成平滑的表面
	砖	砖相比起石块，能形成较平滑、光亮的墙体表面。砖墙也能与相邻的建筑物的砖连接一起，从而有助于建筑物与景墙的环境统一
	金属	金属材料耐腐、轻盈、高雅、并具有良好的强度和可塑性。凡是那些需要通透隔板或在墙体需装饰面的地方可使用金属。也可以呈现简单的、直线的，或精制图案的造型。金属也可作为构成墙体的骨架。在现代景观中有时作为延伸空间的镜面
	陶瓷、琉璃	陶瓷和琉璃拥有丰富的颜色变化和华美的色泽，可以灵活拼贴，富有艺术感，并且不易沾污、坚实耐久
透明	玻璃	玻璃清澈明亮、质感光滑，坚硬而易碎，对光线可进行透射、折射、反射等多种物理效果。并且容易与石材、金属等材质形成强烈的对比，具有特殊的景观艺术表现力
	水	水态景墙利用人亲水性的心理需求，拉近了与人的距离。水地融入使空间浪漫、灵动
虚实	瓦片	瓦片经由不同的堆叠，可以形成别具一格的通透效果
	金属	金属能塑造成极复杂的图案。制成金属格栅镶嵌在墙里，当日光和人造光源从背景照射时，能产生引人入胜的光影效果
	砖	古典园林中的花窗便是砖形成通透感的最好例证
	木	木条或者竹片可打造风格质朴的格栅，形成通透效果
	植物	落叶的乔木、灌木、藤蔓植物随着一年四季的变化，叶子、果实的生长于凋落，形成空间的虚与实。常绿植物随着视线的移动也有时而通透时而阻隔的情况

如图4-5所示，玻璃的运用使空间得以延伸，具有特殊的艺术表现力。而图4-6所示，瓷砖的使用，具有空间限定的作用，在其前方种植竹，使得空间活化，起到点景之功效。

图4-5　玻璃材质的景墙
（李磊　绘）

图4-6　瓷砖材质的景墙
（李磊　绘）

4.3.2　功能转换

如图4-7所示，原有应用意义为景墙的功能，经过材质，形态的变化，延伸为现有标识功能、雕塑功能、座椅功能、衬景、漏景、框景等功能。

标识功能的转换，在20cm×20cm的材质变换点中，融入同样的金属材质，既现代又有厚重感，在其中注明标识信息的内容，有标识功能的景墙即合理的诞生。

雕塑功能的转换，在材质变换点中本案使用了琉璃，如上文已经提及琉璃华美的色泽，极富有艺术感，使整体置于空间中，无疑是景观的视觉焦点，使景墙有了雕塑的功能。

标识功能　　　　　座椅功能　　　　漏景、框景功能

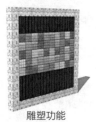

· · · · · ·

雕塑功能　　　　衬景功能

图4-7　景墙的功能置换（李磊　绘）

座椅功能的转换，座椅可谓"线"——木栅栏的延伸，在符合人体工程学的基础上依附于木栅栏延伸出木质座椅，即和原有景墙融为一体又使得游人可以在此休息，增加了人的参与性，丰富人空间体验性。

衬景功能的转换，20cm×20cm的材质变换点中，统一用白色瓷砖，在其前种植竹子，与苏州博物馆的景墙就有了异曲同工之妙，白色犹如画布，这竹子宛如在画布上一般。

漏景，框景功能的转换，微妙的变化使得设计灵动，在20cm×20cm的材质变换点中，方案统一使用了透明玻璃，景色可从中望去，透过的景色别有洞天，尤如一幅美丽的图画，随着游人脚步的移动，框出不同的美景。功能的转换还有很多，在此不一一列举。

4.3.3　形态革新

通过叠加、变形，形成丰富多样的模块组合方式。以2.4m×2.4m的景墙模块为基础，可以把它们成横列或纵列分布，也可在高度上做文章。如图4-8所示，本案是以"1、3、5、3、1的"形式出现，改变了单一的"一字形"排列，以及重复的阵列，使得造型规整又不失变化，在每个景墙模块中可以变换材质，色彩等，使墙的边界作用营造出似隔非隔的虚实空间，利用墙的庇护功能实现空间不同程度的私密性和开放性，在形态的变化基础上，随之带来的是光影的景观变化，亦可调节阳光、阴影、风产生舒适的微环境。在尺寸一定的情况下，景墙模块还可进行组合，如平行、相交、离散、并置、穿插、曲线、自由组合等，使形态千变万化，与环境和谐统一。

景墙在空间中的尺度能够引发其在环境中的角色转化，从而对人的心理及行为起到提示作用。比如，芦原义信对外部空间中墙的尺度总结，当墙的高度小于或者等于60cm时，空间的连续性不会受到阻碍，但墙可以起到划分空间，区分领地的作用。当墙的高度达到1.2m时，对人们的行为产生限制作用，但可以看见外部空间。当墙的高度达到1.8m或以上时，空间完全被阻隔，成为空间的节点或使空间彼此隔离。景墙适应人类的封闭安全感，满足人的私密性需求，益于建立邻里群体的社会关系，增加使用者对其归属感和领域感，所以形态丰富的景墙使得空间、景墙、人高度和谐。

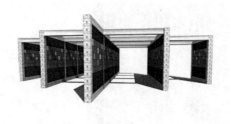

模块空间组合鸟瞰　　　　　　模块空间组合平视　　　　　　模块空间组合平面

图4-8　景墙的形态革新（李磊　绘）

4.4　生成

如图4-9所示，整体在2.4m×2.4m的景墙模块中千变万化，其中内部材质可随场地需要而变换，应用硬材质，如花岗岩、防腐木、瓷砖、琉璃、锈板等；软材质应用，如植物、玻璃、水幕等。使用者可以在其中休息，观景，既是观景人又是景中景，感受此设计带来的赏心悦目。此设计不仅用于景墙，还可用于标识、座椅、大门等其他构筑物中，使得点、线、面这些设计元素应用得更加广泛。景墙可以是如此之大，作为城市重要轴线的地标性构筑物，它也可以如此之小，成为庭院角落中默默无闻的配角，也可围合形成私密空间，占据形成开放空间，通过材质及形态的变化形成半开放空间，所形成的景墙即可在公园中使用，也可在居住区中使用，成为空间中的一抹亮色。

4.5　再生

景墙的构成要素包括诸多方面，从形态上来讲包括光影、色彩、材质、尺度，从人性化设计来说，应考虑人的情感、心理、行为等。只有考虑了众多的自身及外界影响因素，才能实现景墙设计的完整性与完美性。

4.5.1　文化延续的再生

如图4-5，图4-6所示，瓷砖、玻璃地融入使得景墙有了中国古典的漏景，框景，衬景功能。画意的延续，与现代材质的完美结合，是文化的延续，是时代的造化。如图4-10所示，在墙面装饰处理时融入水墨画形式表现的历史文化及事件，体现了文人墨客的情怀，提升文化内涵。试想把此景墙放置在颐和园，即充分与环境融为一体，体现场所氛围和场所精神。像这样把历史上的或具有地域特征的某些具有代表性的元素，通过抽象的形态处理，简化为包含

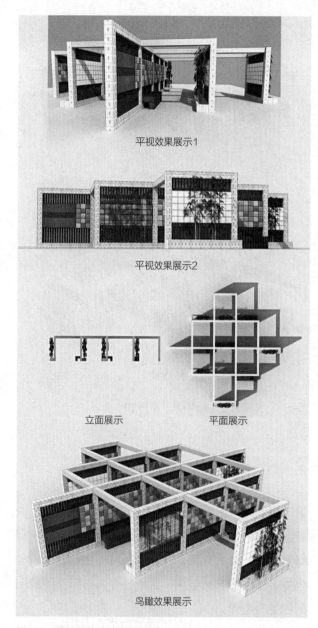

平视效果展示1

平视效果展示2

立面展示　　　　　平面展示

鸟瞰效果展示

图4-9　景墙的生成（李磊 绘）

历史或地域精神特色的形式"符号"，将其表现在景墙上，从而唤起一种情感上的共鸣。

4.5.2　空间环境的再生

如图4-11所示，在材质变化点中融入植物，在生态环境日益恶化的今天，充分吸取中外园林中景墙的精华，充分利用园林植物进行景墙的垂直绿化，是增加绿化面积、拓展绿化空间、改善生态环

平视效果展示

鸟瞰效果展示

图4-10　景墙文化延续的再生（李磊　绘）

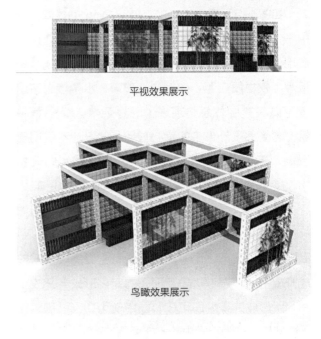

平视效果展示

鸟瞰效果展示

图4-11　景墙空间环境的再生（李磊　绘）

境的重要途径之一。唯有如此，才能更好地弥补目前景观设计中仅仅追求平面绿化的不足，从而丰富绿化层次，最大程度地保持该区域的生态平衡，增强城市景观的艺术效果，创造一个人与自然和谐相处的生态空间。

　　墙就是一种记忆，一种文化，一种科学，在满足景墙功能之上创建精神意志是设计的更高要求，设计为此带来延续，让我们设计出的景观作品在新时代的背景下焕发出生命。

小结

　　以上所述及图4-12所示是笔者对景观生成的探讨，它不仅适用于景墙，而且适用于景观生成的方方面面。设计是一个领悟的过程，但点、线、面作为设计的引路者提供了源泉和依据，只有抓住景观设计的根，运用正确的景观生成思维，再加上对景观设计的领悟，对设计生命的理解，才可以设计出现代所需求的景观。

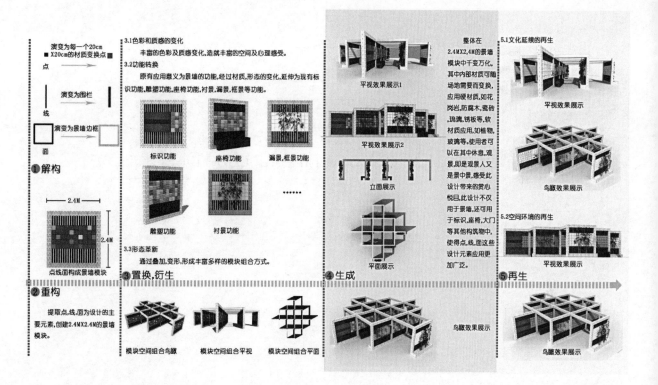

图4-12 景墙生成过程图解（李磊 绘）

05

The Classification of Modern Landscape Design

第5章

现代景观设计的分类

5.1 城市广场与街道景观设计

5.1.1 广场景观设计

广场的定义：广场是由于城市功能上的要求而设置的，是供人们活动的空间。城市广场通常是城市居民社会活动的中心，广场上可组织聚会，供交通集散，组织居民游览休闲，组织商业贸易交流等。

城市广场的人性化含义：是指注重人与自然的关系广场，是在广场中强调人与自然、人与人、人与社会和谐相融的思想以及具有宜人广场空间组织和空间形态，是使置身于城市广场中的人的各种活动需求基本能够得到满足的广场。其中包括人的自然属性的满足，社会属性的满足和精神属性的满足。这些属性的满足，在城市广场人性化设计的各个部分中都会或多或少地得到体现。

1）城市广场的类型

（1）按广场的功能性质不同进行分类

a. 市政广场，一般位于市政府和城市行政中心所在地，尽量避开人群的干扰，突出庄重的气氛。面积较大，以硬质铺装为主，多修建在政府和与城市行政中心所在地的中心地带，或者布置在通向市中心的城市轴线道路节点上，市政府与市民对话和组织集会活动的场所。市政广场主要用于政治集会、庆典、游行、检阅、礼仪、传统民间节日活动等，因此，应具有良好的可达性及流通性，主要以硬质铺装为主（图5-1）。

b. 纪念广场，为缅怀历史事件和历史人物而修建，因而具有特殊的纪念意义（图5-2）。广场以纪念性雕塑、纪念碑或纪念性建筑作为标志物，常常结合历史，与城市中有重大象征意义的纪念物配套

图5-1 市政广场

图5-2 纪念广场

设置。主要突出纪念主题，其空间与设施的主题、品格、环境配置等要与纪念的内容相协调，创造出与主题一致的环境氛围。此外，兼顾现代城市广场的多样化、复合型功能的要求。

常用象征、标志、碑记、纪念馆等手段突出某一主题，主题纪念物应位于视觉中心，绿地应有利于衬托主体物。纪念型广场不能有过分强烈的色彩，以简洁、稳重、肃穆的风格为主，否则会冲淡广场的严肃气氛。

c. 交通广场，以疏散、组织、引导交通流量、转换交通方式为主要功能；是城市交通系统的有机组成部分，主要解决人流、车流的交通集散（图5-3）。

交通广场包括两类：城市中多种交通方式转换的交通集散广场，在城市重要的交通枢纽前和复杂的交通地段中，用于解决交通集散，如火车站前广场、地铁转换广场等。城市多条干道交汇处形成的道路交通组织广场。以交通环岛为多，往往位于城市主要轴线上，其景观对城市面貌影响较大。

d. 文化广场，平面布局形式灵活多样。空间形态、设施等都要符合人的环境行为规律及人体尺度；一般存在于城市中较大规模的文化娱乐活动中心建筑群，常围绕文化馆、博物馆、展览馆等大型文化性公共建筑布置，为人们提供了一个文化氛围较浓的室外活动空间。文化广场应突出其文化内涵，围绕一定的主题展开，突出地域与社区特色，并配以良好的景观。如北京东城区文化广场（图5-4）、长春文化广场、杭州西湖文化广场。

e. 休闲广场，城市中供人们日常生活中休憩、郊游、观光、演出及进行各种文化娱乐的广场。贴近人的生活，比较轻松愉快，位置可灵活布置，多位于城市商业区或者居住区周围，与公共绿地结合较多。设计中须重点处理好广场中的交往空间、休息设施、绿化景观等，营造出轻松、惬意的环境氛围。休息型广场可选用较为温暖而热烈的色调，使广场产生活跃与热烈的气氛，加强广场生活性。此

图5-3　交通广场——大连市中山广场

图5-4　文化广场——北京东城区文化广场

色彩设计也适用于商业广场。

f. 古迹广场（古建筑广场），如西安钟鼓楼广场（图5-5）

g. 宗教广场，如青岛教堂广场（图5-6）。

（2）按广场的功能及在城市交通系统中所处的位置进行分类：

图5-5　古迹广场——西安钟鼓楼广场

图5-6　宗教广场——青岛教堂广场（张迪妮 摄）

a. 政治性广场，政治或纪念型广场，一般采用平地广场设计形式。

b. 公共建筑前广场（电影院、展览馆、体育场），重要建筑物，居住区外围，周边广场集散式广场集中，成片的绿地不小于总面积的10%，且具地方特色。公共活动广场周围宜栽种高大乔木，集中成片的绿地不小于广场总面积的25%，且绿地设置宜开敞，植物配置要通透疏朗，营造良好的视觉空间。

c. 交通广场，位于城市主要交通环岛，或者主要交通道路两侧；交通广场设计要与自然、人文、居民、城市需要相结合；注意广场安全功能和交通组织关系。

d. 商业性广场，商业广场是城市活动的重要中心之一，大都位于城市商业中心区主要节点上，用于集市贸易和展销购物，是商业中心区的精华所在。应以步行环境为主，内外建筑空间应相互渗透，商业活动区应相应集中，造型和色彩也要体现商业氛围，应追求活跃的气氛，商业广场要顺应地形变化，为了营造层次丰富的空间效果，可有意识地采取坡地形式。

e. 综合性广场。

（3）按照广场的形式分类：

a. 规则型广场；

b. 不规则型广场。

（4）按照广场的地形分类；

a. 平面型广场；

b. 立体型广场，在景观设计中如果土地地形起伏较大，可考虑立体式。

2）城市广场景观构成

（1）动态要素：人、交通工具、可移动的设施、可移动的植物。

人是城市广场景观构成中最关键的动态要素。行为主体对广场活动场地的需求有：为必要性的户外活动提供适宜的条件；为自发性，娱乐性的活动提供合适的条件；为社会性活动提供合适的条件。

（2）静态要素：自然景观、人工景观。

广场铺装是城市广场景观构成中常见的静态要素（图5-7）。广场地面铺装具有限定空间，标志空间，增强识别性，强化尺度感以及为人们提供活动场所的功能。地面铺装设计可以将地面上的人、植物、设施与建筑联系起来（图5-8），以构成整体的美感，也可以通过地面处理达到室内外空间的相互渗透。

（3）造型要素：形状、尺度、材质、色彩、肌理、照明等；

造型要素在城市广场景观构成中不可或缺，即使是景观环境小品，它的形状、尺度、材质、色彩、肌理对于广场设计都具有明显的点缀、烘托功能，能够活跃环境气氛，且能为人们提供休息、识别、玩乐、洁净等使用功能（图5-9）。

（4）空间要素：空间限定、空间引导（指示牌、台阶、道路引导）、空间形态。

3）现代城市广场的基本特点

（1）性质上的公共性；

（2）功能上的综合性；

（3）空间场所上的多样性；

（4）文化休闲性。

图5-7　广场的铺装（李磊 摄）

图5-8　广场铺装的联系作用

图5-9　广场内景观小品的造型要素体现

4）现代城市广场的设计基本原则

（1）系统性原则；

（2）完整性原则；

（3）尺度适配原则；

（4）生态性原则；

（5）多样性原则；

（6）步行化原则；

（7）文化性原则。

5）现代城市广场的空间设计

（1）广场的空间形态

平面型和空间型两种（下沉或上升）；

（2）广场的空间围合

一面、二面、三面、四面围合；

（3）广场的空间尺度与界面高度

广场的空间尺度与界面高度合理设计才可使广场有空间感、领域感。

（4）广场的几何形态与开口

广场的设计要注意基址地形、地貌，这决定着广场的几何形态。广场出入口的设计形态要与广场的平面形态相符合，要做到设计的统一。

（5）广场的序列空间

好的景观设计要做到四维空间即时空空间和五维空间即情感空间的合理设计。广场是一处大面积的公共空间，空间要有变化性，才可以吸引游人使用。在人们游览时，不同的空间要有不同的景色，如可以把广场空间内的各个景点串联成为一个故事，成为序列空间，使游人有空间体验，这样的设计才是吸引人的。

5.1.2　街道景观设计

本书中所讲的道路和城市中的交通路线概念不同，是指位于景观区域内的园路。道路是景观构成的框架和网络，除了像一般道路一样，具有组织交通，疏导人流的功能之外，深深的烙上了景观的特点——明确景观功能分区，形成景观观赏路线，同时道路本身也具有艺术欣赏性，是景观构成元素之一。所以，道路设计不论是在功能上还是在精神意韵上，都是景观设计中的一个重要元素。

1) 街道的类型及特点

（1）一板一带式

一板为一条车行道，一带为一条绿化带。山坡、水体旁常用此形式。此类型的道路简单整齐，成本低。但机动车和非机动车混合行驶，容易发生交通事故。

（2）一板二带式

一板为一条车行道，二带为二条绿化带。此类型的道路适用于道路红线较窄，非机动车不多，设置四条车道已经能满足交通量需求的情况。

（3）二板三带式

二板为二条车行道，三带为三条绿化带。此类型的道路很好地解决了上行和下行车道的行驶问题，减少交通事故的发生，适用于交通量比较均匀而且车速较快的情况。

（4）三板四带式

三板为三条车行道，四带为四条绿化带。此类型的道路机动车与非机动车分道行驶，可以提高车辆的行车速度，保障行车安全，可在分隔带上布置多层次的绿化，取得较好的景观。

（5）四板五带式

四板为四条车行道，五带为五条绿化带。此类型的道路区分了机动车道和非机动车道，上行车道和下行车道，景观层次丰富。

2) 街道的功能分类

彭一刚先生在《建筑空间组合论》中曾提到，道路的空间组织设计应先考虑主要人流必经的道路，其次还要兼顾其他各种人流活动的可能性。景观道路根据功能可分为三种类型，其主次分明、各行其责、有序地组织景观空间。

（1）主要道路：是景观中的重要通行、救护、消防、游览通道、宽度一般在7~8m。在设计时注意道路的场地通达性，保证能够通达景观的每个区域。

（2）次要道路：是各个景观功能区中的主要通行道路，沟通景观分区内各个景点，宽度一般在3~4m。

（3）休闲林荫道，濒水小路，健康步道：这些小路一般宽度在1~2m，是景点中人们活动，参与景观的路径。

3) 街道的景观构成

（1）景观角度

景观角度包括自然景观和人工景观。街道两侧的山体、水体、岩石、树木、花卉、草地等都包含在自然景观内。人工景观包含人及人为创造的景观。

（2）空间形态

街道的空间形态分为直线、曲线两种。

4) 街道设计的基本原则

（1）以人为本原则

结合周边交通环境和使用人群心理，合理疏导人流，分散交通压力。

（2）整体性原则

主次分明，循环贯通顺畅，避免道路死角的出现，道路导向明确，防止多路交叉，以免造成人流的拥挤和碰撞。从城市整体出发，城市道路景观设计要体现城市的形象和个性；从道路本身出发，将一条道路作为一个整体考虑，统一考虑道路两侧的建筑物、绿化、街道设施等。

（3）可持续原则

主张不为局部的和短期的利益而付出整体的和长期的环境代价，坚持自然资源与生态环境、经济、社会的发展相统一。

（4）文物保护的原则

城市道路景观设计要尊重历史、继承和保护历史遗产，同时也要向前发展。需要探寻传统文化中适应时代要求的内容、形式与风格，塑造新的形式，创造新的形象。

（5）可识别性原则

道路延伸过程中防止过于平淡，要有景色亮点，每条道路都形成独特的个性特色，景观人行道路可适当增加曲折，升降变化，增加景观层次，丰富空间体验。

（6）连续性原则

道路景观设计就是要将道路空间中各景观要素置于一个特定的时空连续体中加以组合和表达，充分反映这种演进和进化，并能为这种演进和进化作出积极的贡献。

5）街道的绿化设计

城市街道绿化设计是城市街道设计的核心，良好的绿化构成简洁、大方、鲜明、自然、开放的景观。随着城市建设飞跃发展，城市道路增多，功能各异，形成了各种绿带。也有将行道树、林荫道与防护林带共同联成绿色走廊的。街道绿化设计同其他绿地一样也要遵循统一、调和、均衡、节奏和韵律、尺度和比例五大原则。

城市街道绿化的形式是多种多样的。街道形式的选择要根据街道环境特色决定。街道绿化有其特殊性，其植物配置最为重要。道路绿化的植物配置要体现多样化和个性化结合的美学的思想；在立地条件允许的情况下，通过隔离带配置中、小型乔木和花灌木，真正达高低错落，使街道景观呈现层次化。同时也坚持以乡土树种为主，大力推广本地自然条件适宜的树种。另外，在选取行道树时，不要为了美观而忘了行道树的遮阴功能。

街道绿化景观设计的原则：

（1）安全性原则

道路绿化景观设计的首要原则，充分考虑行车视距，满足交通安全的需要。利用植物引导视线的功能，设计出具有引导作用的植物空间，树种上选择根系不破坏路基的品种。

（2）因地制宜原则

利用现有道路绿化成果，并与现有绿化以及道路整体环境融为一体。根据当地气候和道路环境条件的不同，尽可能减少工程量的前提下，选择适合当地生长的树木。

（3）道路绿化生态原则

在保证生态适应性的前提下，即植物具有抗逆性强、生长发育正常、病虫害少以及易繁殖等性状，又具有水土保持能力强，生物防护性能好的。

（4）科学性与艺术性原则

道路绿化设计与一般的绿地设计有所不同，它是动态的绿化景观，要求简洁明快、层次分明，并与周围环境相协调，享受到"人在车中坐，车在画中行"的意境。

（5）经济实用性原则

在道路绿化景观设计中，在达到绿化、美化目的同时，也应充分考虑经济效益和社会效益。选择植物时本着易采购、易施工、易管护及造价低的原则。

6）街道设计的考虑因素

（1）组织有序

不同路线的脉络组织关系，形成景观设计的特色。如苏州园林中道路的婉转回旋和欧洲园林法国凡尔赛宫的几何对称，是截然不同的景观组织关系，各有特色。道路组织关系可以分为如下几种情况：

轴线对称——完全对称、方向明确、空间庄严、秩序感强；

轴线非对称——空间完整统一、中有变化，严肃中不失活泼；

曲线自由——自由流动、空间连续；

综合组织——以一种方式为主，另一种方式为辅的方法。

（2）与其他景观元素组景

道路要提供休息的功能，着重塑造道路两侧的凹凸空间，与道路边上的座椅、花坛、树池、灯具等元素构成休息区域，使游者可以沿路休憩观景。在设计中应注意以人为本，亲切宜人，形成"路从景出、景从路生"的道路景观效果。

（3）移步换景，步移景异

道路是动态的景观，沿着小路行走，随着道路线型、坡度、走向的改变，景观也在变化，要组织各种景观形态，使人们能够体会风景的流动，感受最细微的景观层次，抒发或轻快或悲伤的心情。"风景区之路，宜曲不宜直，小径多于主道，则景幽而客散，使有景可寻、可游，有泉可听、有石可留、吟想其间"。曲折的路径把人们视线导向不同的空间，引领人们在这一运动过程中逐渐发现不同的景观，使景观给人以连绵不尽和深远的感受，为人们留下想象的空间。在《建筑空间组合论》中彭一刚先生也认为，路线的组织要保证无论沿着哪条路线活动，都能看到一连串系统的、完整的、连续的画面。

（4）艺术铺装

景观道路铺装通常采用上可透气下可渗水的生态路面，防止路面积水，保持和恢复自然循环。可渗透的铺装材料有沙、石、木、强力草皮、空心铺装格、多孔沥青等。不同功能的道路所选用的材料不同，铺设手法也不同。铺装方式上，同一方向，同一类型的路面，使用同一种材料和方式，可以加强路线的统一感和引导性。

主路比较直、顺、宽，材料多用混凝土，沥青等耐压材料铺装，拼砌图案简洁大方，便于施工，质地牢固、平坦、防滑、耐磨。小路曲折变化，铺装图案可丰富多彩，艺术性强，铺砌材料要结合周边的景观元素来选择，与园林景观相协调。石板、砖砌铺装、鹅卵石（图5-10）、岩土砖铺（图5-11）、碎石拼花（图5-12）装等材料是比较好的选择。同时切记在街道设计时为残疾人考虑，设置盲道和残疾人通道。

图5-10　卵石铺装

图5-11　岩土砖铺装

图5-12　石材铺装

5.2　公共绿地与公共设施景观设计

5.2.1　公共绿地景观设计

1）公共绿地概述

公共绿地指供游览休息的各种公园、动物园、植物园、陵园以及花园、游园和供游览休息用的林荫道广场绿地，不包括一般栽植的行道树及林荫道的面积。

城市绿地系统是指充分利用自然条件，地貌特征，基础种植（自然植被）和地带性园林植物，根据国家规定和城市自身的情况的标准，将规划设计的和现有的各级各类园林绿地用植物群落的形式绿化起来，并以一定的科学规律给予沟通和链接，构成的完整有机系统。

城市绿地系统规划是城市总体规划的内容之一，是城市地块景观设计和城市设计的基础。理想的城市绿地系统规划应该是城市规划师和景观设计师合作完成的。城市绿地系统规则由于各城市气候，地形地貌，社会历史环境的差异，布置形式宜因地制宜，但在实施过程中应遵循以下几项原则：

（1）整体性原则：城市绿地系统由于城市中的大型绿地、防护林带、公园绿地、生产绿地、自然风景区等各个层次的构成，建设过程应注意统筹安排。

（2）均衡原则：城市绿地应分布均衡，点（点状绿地）、线（道路绿化、绿化防护带等）、面（公园、风景区等）结合。各类公园绿地有合理的服务半径，方便居民就近使用。

（3）地方性原则：城市的气候、地形、土壤条件等自然条件差异很大，城市的性质、规模、绿化现状，历史因素等条件各不相同。绿地的布局方式，规模大小，树种选择等方面都应和城市自身特点结合，形成富有城市特色的绿地系统。

（4）多样性原则：包括物种多样性和景观多样性两方面。城市由于人类活动影响使得生态环境比较脆弱，通过绿地建设增加物种的多样性可以提高城市生态环境的稳定程度。

（5）阶段性原则：城市绿地系统规则应分期建设，考虑可持续发展。

2）公共绿地的景观需求

（1）公共绿地对自然环境的需求

公园经常被认为是钢筋混凝土沙漠中的绿洲。对过路者和那些进到公园里的人而言，公园的自然要素带给他们视觉上的放松、四季的轮回以及与自然界的接触。

通过访谈形式对旧金山和伦敦的公园利用方式所做的研究，最经常被提及的使用公园的原因是"接触自然"。在伦敦，女性比男性、老人比年轻人、高收入者比低收入者更经常提及这个理由。同样地，根据对使用频繁的中心城区曼哈顿公园所做的一项研究，人们最常说到的理由是来放松和休息。当他们被请求用三个词来描述这些公园时，多半的描述都可以大致归纳成这样的定义："公园是避难所"，他们用诸如绿色、自然、放松、舒适、宁静、平和、静谧、城市绿洲和庇护所等词语来形容公园。

把公园当成庇护所或绿洲的这种需要，最可能体现在城市中心的高密度区域。但是，一项对加州密度较大的萨克门托郊区的公园的研究却发现：公园植被的种类和数量对公园使用者满意程度的影响是很大的。

建议使用下列导则来满足公园使用者的需求：

a. 创造一处从美学上讲富于变化的环境，使人们渴望接触自然的感觉最大化。例如，提供不同颜色、质地、形状的植物；栽植芬芳的观花乔灌木；栽植可吸引鸟和蝴蝶的植物；布置流动的水和静止的水。潺潺的流水声给人带来一种幸福平静的感觉。同样，与活动和吵闹相隔离的空间可以满足喜好平静和安静处所的人的需求。德国一项对公园使用方面的研究发现，人们去观赏开敞空间的最主要原因是体验安静。

b．用解说性标牌来标明植物的种类，标明公园设施和特色，甚至可以标出公园的历史。与通常以官方告示姿态出现的"禁止……"规则相反，这些信息可以很容易地被公园使用者所接受，并有助于为公园塑造一个积极的形象。"研究表明，人们想了解更多有关公园的信息，信息的缺乏阻碍了他们对公园的进一步利用"。

c．给那些无需大量修剪的树木以适当的空间。大树以其巨大的体量和枝干来界定和围合空间，在营造自然氛围方面它们比经常与"公园"一词联系在一起的草地更胜一筹。伦敦经典的乔治亚广场，在很大程度上用大树而不是树下一块块的草地和花床来界定树下的使用空间。树木同时也可提供阴凉和挡风。

d．在自然环境中或沿自然环境设置蜿蜒曲折的道路。有私密需要的人希望能够沿着一个景色不断变化、封闭空间和开放空间交替出现、能提供小坐或休息机会的曲折道路漫步。最令人愉快的公园道路也许是环绕开阔水面的那一类。例如，在伦敦圣詹姆斯公园，每到午餐时间，数百名公司职员就会到蜿蜒曲折的环湖道路上来。他们在那里活动活动腿脚，看看鸭子和其他水禽，为伏案工作的日子创造一个令人愉快的休闲间隙。

e．在公园里保留一块让植物自然生长的地区。在城市环境中，这样一块地区可以在人与自然之间建立起一种重要的精神联系。这里建议沿小路两侧保留一条修剪过的草皮带，大约宽90cm，它提醒公园使用者，这里是被有意识地保留其野生状态的，否则人们会认为这个地区是被人遗忘的，有人发现这种印象会增加公园使用者的不安。另一点需要重视的是通往其他人流集中区的视线不应受到阻隔，既允许植物自然生长，又要避免游人的视线受阻。

f．单独提供桌子给那些想要在此地吃饭、读书或在自然环境中进行户外学习的人。安静区域是很有用的，它们那种安静和庇护的氛围应该表现得明显而强烈，足以使那些热闹吵闹的活动如大型野餐聚会等望而却步。这些桌子的布置，即使是出于保护私密的目的，在视觉上也不能是隔离的，其布置方式不能让使用者身陷其中，不知所措。

g．提供一些可让人坐下来的区域，它们既要靠近公园边缘，又要能部分屏蔽街道的喧嚣和活动。那些只在公园待几分钟的人、那些活动受限制的人，还有那些安全意识很强的人，他们也许会希望选择那些可以欣赏绿色和自然、靠近公园但又不完全在公园中的区域。

h．在设置休憩区的时候，要弄清楚场地的小气候，日照、阴影、避风等对公园的使用将会产生重要影响。设计时既要考虑场地会遇到的极端气候情况（包括夏天的高温和冬天的寒风），也要考虑一般的情况。对那些夏天炎热、冬季寒冷的地区来说，落叶树是最佳选择，一个在冬日正午能享受到充足阳光的休憩区在夏季因为有树荫庇护同样会受到欢迎。

i．在面对有赏心悦目的自然风景的绿地里放置长椅。那些背靠实物（如墙、植物或树木）的长椅比那些在开放空间中的长椅给人以更强烈的安全感。长椅周围环境的质感、气味和微气候也能强化人们身处自然的感觉。

（2）公共绿地与人接触的需要

虽然大多数公园使用者宣称"接触自然"是他们去公园的主要动机，但通过观察人们在公园中的行为却发现，社会交往——公开的和隐蔽的同样重要。人们经常根据其他人（朋友、他们害怕的人、家庭成员、贩毒分子、巡警）是否去公园，而不是根据景观特征或休闲消遣机会来决定去不去公园。对大多数人来说，他们使用公园是因为喜欢绿色，比如说公园提供给其与人见面和观察他人的机会更容易说得出口。

所有的公园都应该既为公开的社会活动或集会服务，又为隐蔽的社会活动或人们观察周围的世界服务。公园所处的位置在很大程度上决定哪种活动占优势。位于高密度社区中的公园也许更适于观察别人，而以住宅为主的低密度居住邻里中的公园，也许最适于聚到一起进行野餐、游戏、体育锻炼等等。公园的设计——休憩模式、道路系统、休闲设施等同样取决于人们更看重这两种人际交往中的哪一种。所以，一个许多人单独来此自我放松的中心区公园，也许需要蜿蜒曲折的道路系统以使人们午餐后的散步距离最大，并且需要将长椅设计成为可以独坐或与陌生人并排而坐的形式。相反，位于一个建成的居住邻里中的公园——多数人来此的目的是使用某一特定设施，则需要一个简捷明了的道路系统，以便让人直接到达想去的地方。

（3）公共绿地的安全需要

公园和其他公共场所更易受到比较严重的犯罪活动的消极影响，如抢劫和袭击事件。许多公园使用者不愿意去他们认为是不安全的地区。事实上，由于害怕个人的安全受到威胁，许多潜在的公园使用者都对公园避而远之。

那些最需要城市自然空间的人群最能反映出公园的不安全程度：妇女、儿童、老人、残疾人和易被认出的少数民族群体……研究人员发现（在多伦多的一个公园），白天来公园的男性是女性的2倍，而晚上则是3倍。对犯罪活动的恐惧是那些妇女们所提出的不来公园的一个主要原因。

使犯罪机会最小化以及帮助公园使用者减少受到攻击的办法包括调整设计、提高维护水平、提供安全巡逻和报警电话以及推出新的活动内容，以便产生较高的使用程度等。

着眼于能减少犯罪事件的设计途径需要从公园设计的传统思维中转变出来。"传统的设计做法是利用缓冲带把公园围合起来，以保护其不受城市噪声、交通和周围建筑物的干扰，同时使公园背对城市。但是，这种设计哲学所创造的隐蔽空间使公园使用者无法看清楚周围正在发生的事情，并对逃避路线构成了限制"。在那些安全最受关注的地区，易于受到邻近街道监视的小公园比大公园更受欢迎。下面的建议值得参考：

a. 尽量减少公园与周围街道分隔开的围墙、篱笆、灌木丛及地形变化。

b. 创造通畅高效的视线走廊和交通系统。

c. 在公园边界的活动区安排新的活动内容。

d. 把夜间活动集中在那些相对安全的空间中；安排有组织的活动；提高这些空间和通向这里的道路沿线的照明标准；不要让景观设施阻挡光线。

e. 保证道路上的视线畅通无阻，在转弯和变坡的地方尤为如此。

f. 在公园里提供可供选择的多条路线和多个出入口，特别是对有围栏的区域。

g. 避免由于篱笆和植物造成容易迷路的空间。

h. 整个公园都要有清楚的标识系统，标明道路、设施、出入口、公园总部大楼、电话亭、厕所，并提供如何求助和到哪里去报告维护问题的信息。

i. 在隔离的空间和道路沿线设置求救电话。

j. 把儿童游戏区设在其他活动节点的附近。

k. 在处理公园中的公共安全问题中，很重要的一点是要保证在设计和再设计过程中，让当地居民和企业主来参与安全问题的定义及提出相应的举措。

3）公共绿地的功能

（1）公共绿地的生态环境功能

①净化空气、水体和土壤

空气是人类赖以生存和生活不可或缺的物质，是最重要的人居外环境因素之一。绿色植物被称为"生物过滤器"，城市绿地中大量的园林植物从其净化空气的作用来看：一是吸收二氧化碳，释放氧气，维持碳氧平衡；二是吸收有毒有害气体，净化空气，在一定浓度范围内，园林植物对城市空间中的有害气体具有一定的吸收作用，是名副其实的"城市绿肺"。

a. 吸收有害气体

城市中由于工业生产和汽车尾气等产生的空气污染物甚多，最主要的有一氧化碳、二氧化碳、氮氧化物、氯气、氟化氢、氨以及汞、铅的气体等。

在一定浓度条件下，城市绿地中的多园林植物对于空间中的有毒有害气体，具有吸收和净化的作用。尤其是有些种类的植物，净化功能突出，大量栽种可以降低污染程度，达到净化空气的目的。

b. 吸滞烟尘和粉尘

空气中的烟尘和工厂中排放出来的粉尘，是污染环境的主要有害物质之一。粉尘是在生产过程中产生的，并能较长时间飘浮在空气中的固体微粒。生产性粉尘对人体的危害是多方面的，最突出的危害表现在引起肺部病变反应等过敏性疾病。另一方面粉尘可降低阳光照明度和辐射强度，特别是减少紫外线辐射，造成对人体健康和对健康和对植物生长发育的不利影响。植物构成的绿色空间对烟尘和粉尘有明显的阻挡，过滤和吸附作用。树木的滞尘能力与树冠高低，总的叶片面积，叶片大小，着生角度，表面粗糙程度等因素有着重要关系，能够起到减菌杀毒的作用。

c. 净化水体

园林绿地植物对水体的污染物和有毒物质有很大的排除效果，尤其是许多水生植物和湿生植物，对净化城市污水有明显作用。利用植物对城市生活污水的处理，既能受到良好的效果，又可节省物化方法处理污水的资金投入和运行成本，是一种有效的净化水体的途径。

d. 净化土壤

有植物根系分布的土壤，好细菌比没有根系分布的土壤多几百倍至几千倍，因此能够促使土壤中的有机物迅速无机化，既净化了土壤，又增加了土壤肥力有些植物的根系还可以杀死大肠杆菌等一些细菌，从而减少对人类造成的伤害。此外还有一些园林植物能在体内吸收，积累重金属污染物而不受伤害，或经过生理生化过程而将污染物质同化降解。

②改善城市小气候

小气候是指地层表面属性的差异性所造成的局部地区气候，其影响因素除了太阳辐射、温度、气流之外，还包括直接受作用层。

a. 调节温度

公共绿地调节小气候温度的两个途径分别是蒸腾作用、吸收热辐射和遮荫。园林植物通过其叶片大量蒸腾水分而消耗城市中的辐射热和来自路面，墙面和相邻物体的反射而产生的增温效益，缓解了城市的"热岛效应"和"干岛效应"。植物通过蒸腾作用降低周围的温度，这是公共绿地最有效的调节温度的方法。

b. 调节湿度

由于植物具有蒸腾的生理机能，从土壤中吸收在蒸腾散发到空气中的大量水分，可以使周围环境的湿度有很大改善，可以缓和北方地区春旱对农业生产的影响。

c. 调节气流

公共绿地对气流的调节作用表现在形成防风屏障和形成城市通风两个方面的作用。

③降低城市噪声

公共绿地内植树绿化对噪声具有吸收和消解的作用，可以减弱噪声的强度。公共绿地衰弱噪声的机理是噪声波被树叶向各个方向不规则反射而使声音减弱；又由于噪声波造成树叶振动使声音消耗。

（2）公共绿地的社会使用功能

①娱乐健身

娱乐健身是公共绿地的主要功能之一。是人们日常游戏游憩活动的场所，是人们锻炼身体，消除疲劳，恢复精力，调剂生活的理想场所。城市居民在园林绿地中德娱乐休憩活动内容主要包括：文娱活动、体育活动、儿童活动、安静休息。

②社会交往

社会交往也是园林绿地的重要使用功能之一，公共绿地空间是公众进行各种社会交往的理想场所。大型空间为公共性交往提供了场所，小型空间是社会性交往的理想选择，私密性空间给最熟识的朋友、亲属、恋人等提供了良好的空间氛围。

③观光游览

我国的风景名胜区无论是自然景观还是人文景

观，这些风景区，城市园林绿地与人文景观提供给人们观光游览的地点，是发展旅游业的优越条件。

④休闲疗养

身处在公共绿地中，可以激发人们的生理活力，使人们在心理上感觉平静。对于饱受城市环境污染和快节奏工作压力的现代人来说，这些地方无疑是缓解压力，恢复身心健康的最佳休息、疗养场所。

⑤科普教育

公共绿地是进行文化宣传，开展科普教育的场所，此类绿地可以理解成两个方面，一是科普知识型园林，属于生态教育的范畴；另一类是文化环境型园林，是指通过各种手法使公共绿地有相对应的文化环境氛围。

（3）公共绿地的景观功能

公共绿地是城市生态系统中不可多得的绿色生态空间，是将自然引入城市，城市融入自然的有机纽带，同时公共绿地能够美化市容市貌，增加城市建筑艺术效果，丰富城市景观。此外，良好的城公共绿地，绿化着环境还有助于提升城市旅游形象，打造生态城市，园林城市品牌效益，促使当地旅游业的发展，从而带来了巨大的经济效益。

①园林美

园林美源于自然，又高于自然景观，是大自然造化的典型概括，是自然美德再现。园林美是形式美与内容美的高度统一。

a. 山、水、地形美

包括地形改造、饮水造景、地貌利用、土石假山等，形成园林绿地的骨架和脉络，为园林植物种植，游览建筑设置和视景点的控制创造条件。

b. 借用天象美

指借助日、月、雪、雨等造景的手法，营造天象景观。

c. 再现生境美

效仿自然，创造人工植物群落和良性循环的生态环境，创造清新空气。

d. 建筑艺术美

公共绿地中由于游览景点，服务管理维护等功能的要求和造景需要，要求修建一些园林建筑。建筑绝不可多，也不可无，古为今用，外为中用，简洁易用，画龙点睛，建筑艺术往往是民族文化和时代潮流的结晶。

e. 工程设施美

空气绿地中，游道廊桥，假山水景，电照光影，给水排水，挡土护城等各项设施，必须完整配套，要注意艺术处理而区别于一般的市政设施。

f. 文化景观美

公共绿地常为宗教遗迹或历史古迹所在地，其中的景点景序、门槛对联、摩崖石刻、字画雕塑等无不浸透着人类文化的精华。

g. 色彩音响美

公共绿地是一幅五彩缤纷的天然图画，蓝天白云、花红叶绿、粉墙灰瓦、雕梁画栋、风声雨声、欢声笑语、百籁争鸣。

h. 造型艺术美

公共绿地中常运用艺术造型来表现某种精神、象征、礼仪、标志、纪念意义，以及某种体形、线条美。如图腾、华表、明像、标牌、喷泉及各种植物造型等。

i. 旅游生活美

公共绿地是一个可游、可憩、可赏、可居、可学、可食的综合活动空间，满意的生活服务，健康的文化娱乐，清洁卫生的环境，交通便利与治安保障，都将怡悦人们的性情，带来生活的美感。

j. 联想意境美

联想和意境是我国造园艺术的特征之一。丰富的景物，通过人们的接近联想和对比联想，达到见景生情，体会弦外之音的效果。意境就是通过意向的深化而构成心境应合，神形兼备的艺术境界，也就是主客观情景交融的艺术境界。公共绿地也应该是这样一种境界。

②自然美

公共绿地中，自然景物和动物的美成为自然美。园林公共绿地自然美的特点偏重于形式，往往以其色彩、形状、质感、声音等感性特征直接引起人的美感，它所积淀的社会内涵往往是曲折、隐晦、间接的。人们对自然美的欣赏，往往注重其形式的新奇、雄浑，而不注重它所包含的社会功利内容。许多自然事物，因其具有与人类社会相似的一些特征，而可以成为人类社会生活的一种寓意和象征，成为生活美的一种特殊形式的表现；另一些自然事物因符合形式美法则并能够寄寓人的气质，情感和理想，表现出人的本质力量。园林公共绿地的自然美存在如下共性：

a. 变化性

随着时间、空间和人的文化心理结构的不同，自然美常常在发生明显的或微妙的变化，处于不稳定的状态。时间上的朝夕、四时、空间上的旷奥、人的文化素质与情绪，都直接影响自然美的发挥。

b. 多面性

公共绿地中的同一自然景物，可以因人的主观意识与处境而向相互对立的方向转化；或绿地中完全不同的景物，可以产生同样的效应。

c. 综合性

园林公共绿地作为一种综合艺术，其自然美常常表现在动与静的结合。

③生活美

公共绿地作为一个现实的物质生活环境，是一个综合的活动空间，必须使其布局能保证城市居民在游园时感到舒适。首先应保证绿地环境的清洁卫生；其次，要创造出宜人的小气候，使气温、湿度、风的综合作用达到理想的要求；另外，还应当有方便的交通，良好的治安保证和完善的服务设施，以及要有广阔的户外社交活动场地和有各种展览，舞台艺术，音乐演奏等文化生活方面的场地。

④艺术美

现实美是美的客观存在形态，而艺术美则是现实美的升华。艺术美是意识形态的美，其具体特征表现在：

a. 形象性

公共绿地的形象美是艺术的基本特征，用具体的形象反映社会生活。

b. 典型性

作为一种艺术形象，它虽来源于生活，但又高于普通的实际生活，它比普通的实际生活更高，更强烈，更有集中性，更典型，更理想。

c. 审美性

艺术形象要具有一定的审美价值，能引起人们的美感，使人得到美的享受，培养和提高人的审美情趣，提高人的审美素质。

⑤形式美

形式美是人类社会在长期的社会生产实践中发现和积累起来的，它具有一定的普通型、规定性和共同性。但人类社会的生产实践和意识形态在不断改变，并且还存在着民族性、地域性及阶级、阶层的差别。因此，形式美中又带着变异美、相对性和差异性。

4）城市绿地系统的结构布局

布局结构是城市绿地系统的内在结构和外在表现的综合体现，其主要目标是使各类绿地合理分布，紧密联系，组成有机的绿地系统整体。通常情况下，系统布局有点状、环状、放射状、放射环状、网状、契状、带状、指状等8种基本模式。

我国城市绿地空间布局常用的形式有：

（1）块状绿地布局

将绿地成块状均匀地分布在城市中，方便居民使用，多应用于旧城改造中，如上海、天津、武汉、大连、青岛和佛山等城市。

（2）带状绿地布局

多数是由于利用河湖水系、城市道路、旧城墙等因素。形成纵横向绿带，放射状绿带与环状绿带交织的绿带网。带状绿地布局有利于改善和表现城市环境艺术风貌。

（3）楔形绿带布局

利用从郊区伸入市中心，由宽到窄的楔形绿地，称为契形绿地。契形绿带布局有利于将新鲜空气源源不断的引入市区，能较好地改善城市的通风条件，也有利于城市艺术面貌的体现。

（4）混合式绿地布局

它是前三种形式的综合利用，可以做到城市绿地布局的点、线、面结合。组成较完善的体系。其优点是能够使生活居住区获得最大的绿地接触面，方便居民游憩，有利于就近地区气候与城市环境卫生条件的改善，有利于丰富城市景观的艺术面貌。

实例如伦敦有内伦敦和外伦敦组成，又称大伦敦。早在1850年，为限制伦敦城市用地的无限扩张，伊丽莎白女王第一次提出了规划绿带的想法。霍华德在1898年提出在伦敦周围建立一条绿带；1398年英国正式颁布了"绿带法"，确定在市区周围保留2000平方公里的绿带面积，绿带宽13~24公里。由于城市产业和人口规模的膨胀，1944年，大伦敦区域规划公开发表。规划以分散伦敦城区过密人口和产业为目的，在伦敦行政区周围划分了4个环形地带，即内城环、郊区环、绿带环、乡村环。在绿带内除部分可做农业用地外，不准建设工厂和住宅。近年来，伦敦越来越重视增加绿地空间的公众可达性，提高绿地的连续性。

5.2.2　公共设施景观设计

公共设施是指为市民提供公共服务产品的各种公共性、服务性设施，按照具体的项目特点可分为教育、医疗卫生、文化娱乐、交通、体育、社会福利与保障、行政管理与社区服务、邮政电信和商业金融服务等。

1）公共设施设计概念及种类

人们在家里的生活中，光有居室空间是不够的。还应包括诸如吃饭用的餐桌、休息用的椅子、睡觉用的床等辅助生活的各种道具。户外活动亦如此，人们为了安全、舒适地生活，也需要相应辅助人类活动的各种道具。例如，确保人们安全通行的人行道；防止横穿马路的栏杆、信号灯；为方便交通而设置的公共汽车站、路线图、候车用的排椅、候车亭等。这些确保户外活动的道具我们称为公共设施。

公共设施，根据其功能分为下列11种：①休憩系列：供人们休息使用的设施；②卫生系列：保障周边环境清洁的设施；③商业服务系列：出售报纸、一般日用品的设施；④信息情报系列：提供活动指南、交流的设施；⑤庆典系列：用于庆祝活动、演出、比赛的设施；⑥游憩系列：公园、游乐场等游憩设施；⑦照明系列：确保公园、人行道、马路等的夜间安全和演绎光影效果等设施；⑧交通系列：用于道路上的各种交通设施。⑨管理系列：管理城市电、煤气等各类设施；⑩装饰系列：公园、街心花园、大型室内空间等营造景观效果的设施；⑪无障碍系列：是专为伤残人、老年人而设立的无障碍设施。

随着人们在室外环境的生活方式、公共概念的转变以及技术的进步，街区中所需要的公共设施的功能、内容也在发生变化，为此，出现了新品种的公共设施。最近几年数字技术的进步预示了信息情报领域的要素将发生重大变革。其中也必须预见到无障碍的信息系统也将有很大改变。

在室外环境设计中，了解作为景观材料的公共设施的功能、特性是决定环境品质的关键。虽然使用了公共设施这一简单的词汇，但其具有的功能特性却是多种多样的。

2）公共设施的作用

（1）营造个性功能

公共设施的功能是辅助人们在室外空间进行活动，如：步行、休息、搜索信息等。其首要任务是辅助人们的活动，例如：辅助人们流动的工具有公共汽车、火车、出租车等交通工具，为车站、交叉路口而设的电梯、滚梯等，还有休息用的排椅、候车亭。在城市还有保障交通安全的信号灯、护栏等。不同的公共设施具有不同的功能，但其目的都是一个，即辅助人们活动。因此，设计时应预测人群的行为特点，针对这种行为来配备具有相应功能的设施。

（2）营造空间功能

公共设施是根据不同条件设置在室外环境中的，除其自身的功能外，对地域和空间也起着很大的作用。公共设施根据其种类和在地域内的使用方式进行布局与设计，一条笔直的主干道本身具有很强的象征性，但更强调的是作为道路组成要素的林荫树、连续的路灯所形成的道路的轴线性。站前的广场也同样，是通过照明的高柱灯、密集的公汽候车亭、地面的铺装形式及色彩、材料的质感等相互辉映，以展示广场的气氛与风格。所配置的公共设施除其功能外，作为构成空间景观的诸要素之一影响着景观的存在方式。

（3）营造地域特点

公共设施的材料、色彩、形态的作用非同小可。其原因是大部分公共设施有很多机会直接与人接触、被人使用，而且在视觉上相同形态的公共设施也由于其连续性或者作为群落而成为营造景观表情的重要元素。为此，在城市景观设计中捕捉公共设施所具有的塑造景观的特点是很重要的。

考虑地域的历史、文化、风俗等特色，并将其体现在公共设施的材料、形态上，是非常关键的。尤其是材料、造型的细节是使用者可直接接触到的，所以也可利用触觉来传递地域特色。

3）公共设施的设计角度

（1）单体设计的角度

公共设施设计分为单体设计和作为突出空间的景观要素设计两种。单体设计所关注的是其自身的完美程度、功能性、传达性、经济性、耐久性等。

另外，因为人们经常直接接触使用公共设施，故不仅仅要考虑强度问题，还需要考虑表面装饰、转角处理等安全性问题。

关于公共设施的造型，都要充分考虑设置公共设施的周边环境的地域性。材料的选定、造型的设计等更要充分考虑场所与周边环境关系。对于材料的选定既要重视安全性、地域性，又要关注对环境的负荷等生态学方面的问题。

（2）空间设计的角度

公共设施的另一个立足点是对由各类公共设施汇集而营造的空间的考虑。从公共设施的功能、布局方式来营造空间的角度来看大致分为3种：①整合性；②连续性；③区域性。

①整合性指的事进一步强化类似像站前广场、公园、交叉路口等人、车、信息高度集中地区的空间凝聚力。站前广场是地区的玄关、门脸。广场上的候车亭、照明灯、停车场、排椅、绿地、雕塑、标识等作为一体来设计时，构筑了街区大门的景致。交叉路口上设置的信号灯、路灯、交通标识、各种传感器等，在车量的通行、辨别城市构造方面，对空间的显示性、可识别性的作用是很重要的。利用汇集在交叉路口上的公共设施进行系列化设计，有利于强调作为凝聚点的空间特性，使各种公共设施的功能清晰可辨。

②连续性指的是将主干道的照明灯、护栏、防止横穿马路的警示、交通标识、林荫道等融为一体进行设计，从而展示作为街区框架的轴心这一视觉空间的特征。在陌生的街区，公共设施营造的道路的表情与轴线，和站前广场等处的据点式空间一起，成为熟悉街区构造的重要标志。

③建造区域性，指的是把繁华街区和购物中心、住宅组团、公园等这些大的平面的统一性打造出来。其间所使用的公共设施随其地域所要求的气氛来决定其形态、材料、布局，如在商业街、购物中心表现为欢乐、喧闹；在公园、住宅区则表现为安逸、恬静。

4）公共设施的功能

（1）休憩系列

①排椅

排椅基本标准时可坐3~4人，有靠背。若将排椅作为坐具考虑，可分为长条凳和单座椅两种。长条凳可自由使用，往往营造出一种自由、轻松的氛围。单座椅因其用法、座位的位置在某种程度上有所限制，可与整体规划相结合表现一种整齐的次序感。排椅设计除要确保椅子与地面的高度，还要考虑座面、靠背、扶手等基本部分。

单座椅、排椅：排椅大致分为一人用的单座椅和多人用的排椅（图5-13）。单座椅约40cm见方，有椅面、靠背、扶手等。单座椅在室外除可单品使用外，还可利用连续排列自由组合成直线、曲线、圆形等。连排式的通常为成品，坐3~4人，180~200cm长。还有无靠背的，像过去的长凳一样可以自由使用。

排椅的规格：排椅座面的高度一般为40~45cm，但根据人们休息时的姿态也有高度不同的。在短时间等候、闲聊等小憩时，应选用高度为70~85cm可以支撑腰部的靠背椅。另外最近考虑方便老年人坐立，出现了座面高度为50~60cm带有扶手的产品。

排椅的材料：排椅的材料自古以来大都使用木材（图5-14）、石材。近年随着技术的进步，其他种类的材料也开始被使用，木材与其他材料相比耐久性差，但随着防腐处理技术的进步也变得较易使用。石材常用于特制品，或与园林相结合，它给人一种稳重、大方的感觉，耐久性好，但冬季坐起来会有冰凉感。金属材料中有合金钢、铁、铝管、定型钢、铸铁等等。铸铁的造型比较自由，有稳重感。钢管型材往往作为主体框架经过烤漆处理后使用。金属导热率高，不太适合做椅面。但是，随着技术的进步，也出现了通过网状或孔状处理扩大散热面积的商品。

②亭子

"亭"原义为避雨处、避难所、小房子，一般指

图5-13　排椅

图5-14　排椅的材料——木材

房檐（图5-15）。类型从小型的到覆盖大面积空间的都有。功能主要为遮阳、避雨、防雪。根据使用场合，或采用象征性造型，或以连贯性的表现方式来演绎空间效果。规格标准为3m或4m见方，高度为2.5~3m。

（2）卫生系列

卫生系列的公共设施，有保持室外环境清洁的，也有满足人们生理需求的。保持环境清洁的最有代表性的是垃圾箱、烟灰盒；满足人们生理需求的有饮水器、洗手池、公厕等。

在设计上的注意点是使用此类公共设施时要经常保持清洁。为此，一开始就要考虑到公共设施的保养管理，公共设施本身应采用较易保养管理的结构、材料。尤其是垃圾箱，要认真考虑回收系统与垃圾箱大小、位置的关系。

图5-15　亭子（李磊 摄）

①垃圾箱

垃圾箱分大型、小型。小型用于街道、公园、车站，一般容量为50~70L。近年来在资源再利用运动中提倡分类处理体系，出现了同一形状的垃圾箱使用不同颜色标识以对应不同分类的垃圾（图5-16）。此种情况，需要对标识的形态、图案、文字等予以明确的区分。

垃圾箱的结构要根据回收方法来设计，有以筒体本身为主题的筒型和外壳内侧嵌有筒体的内筒型。筒型因从筒体直接回收垃圾还分筒件可移动的固定型和筒体可旋转的旋转型。在选择、设计时要充分考虑到会被粗暴使用以及每天回收垃圾等问题以确保垃圾桶有足够的强度和筒体的耐用性。

②烟灰筒

主要功能是处理吸烟者的烟蒂。最近很多公共场所禁止吸烟，因此接头的烟灰筒也很少了。

烟灰筒的基本结构，上部是用于熄灭香烟的有孔板，下部为盛放烟蒂的容器。筒体以易于熄灭为标准，其高度约为65cm，在其顶部配套设置容器。其筒体设计、材料都与垃圾箱相同，大部分与休息类的排椅配套使用，因此尺寸、材料、颜色等均使用相同的产品。

③饮水器、洗手池

它使户外止渴、洗手、洗脸的用具（图5-17）。

可分为饮水、洗手兼用的和仅供饮水用的两类。材料主要有铸铁的、石头的、钢筋混凝土的、陶瓷的，还有铝合金的。因是与水有关的设施，所以必须使用具有较强防锈能力的材料。在设计方面要便于儿童、轮椅使用者的使用，因此要充分考虑饮水口的高度、水龙头、按键的位置、脚底防滑等细节问题。

④公厕

室外公厕一般不设在马路上，但是随着老龄化社会的临近，无障碍设计观念普及后，即使在普通的街道上也要有针对轮椅使用者的干净厕所。公厕分以建筑形式建造的、在工厂生产现场组装式的、完全在工厂生产的密闭式3种。密闭式的公厕配有可移动的污水贮存槽，而其他的都要求有排水工程。

图5-16　颐和园带有垃圾分类功能的垃圾箱（李磊 摄）

图5-17　户外饮水器、洗手池

（3）商业服务系列

商业服务系列的公共设施一方面为行人提供便利，同时又与各类大型活动相对应为街区增添活力。如早市、庆祝活动时摆设的临时摊床，一般被称为货摊或密闭箱的小型设施和自动售货机等。这些可分为餐饮类、售货类、服务类。另外还有人工销售的独立型和自动贩卖机等的无人型，从设置方式上又分固定的、可调的、流动的。根据移动方法又分密闭箱分体搬运的、装配搬运现场组装的、靠车牵引的以及自行移动的。售货类只要确保足够空间即可独立使用，但餐饮类、服务类要根据内容设置水、电、煤气等能源设备，必要时需要基础配套方面的设施。一般情况下在市面上销售的商品种类比较少，几乎都是特制品。其设计、布置要根据内容需要向有关部门提出申请并获得许可，功能与内容上也都有限制，每次都需要作调整与协商。

①售货类小卖店

摊亭中具有代表性的是铁路口经营者在其所属用地中设置的独立式售货亭。销售的商品种类很多，如何有效地利用狭小的空间是设计的关键。而且夜晚商品仍放在店内无人照管，因此其门、窗的收放体系、安锁系统也是重点研究部分。用途不同，但可采用相同使用方法的有售报亭、彩票投注点等。

②餐饮类卖店

餐饮类卖店一般都需要有水、电等设施，设置场所也受到各种条件的制约，因此像售货类那样可被简单移动的较少。不过有装配于车体的餐饮类卖店，这些卖店大都是在已有的汽车上改造而成的，最初是为可移动的饮食系列卖店而设计的。

③服务类卖店

最近，正出现一些简易、便宜的理发馆、上门服务式的牙科医生。今后这种服务型卖店也是一个新的发展趋势。

④无人型卖店、摊亭

自动售货机无疑是无人型卖店的代表。现在出现了不同种类的自动售货机，但所选择的外观与所设置的场地、环境相适应仍然是一个难点。在灵活应用公共空间的场合中，可根据不同种类选择符合器具模数的产品，或选择外观设计、色彩都可随周围情况做出调整的产品。

（4）信息系列

信息系列是传递信息，使人们的户外活动变得顺畅的设施。可分为提供城市综合信息且易于理解的指示类、以图表表达为主的标识类、保障城市安全的管理类、传递各类公共信息的广告类和辅助人们交流的通信类。

①管理类

管理类的标志是信号灯。它分为车辆用和行人用两种。一般只使用国家指定的安全性能高的器具，往往很难成为设计的对象。但是，因其对室外景观的影响较大，在新开发的限定地区可与有关人士协商，是其与其他公共设施相结合进行整体设计。

②指示类

指示类的信息公共设施在标识类体系中处于核

心地位。主要功能是以不同的形式提供城市的综合信息，如城市构造、设施内容和方位、大型活动、交通等，最理想的是向诸如外国人、身体障碍者等所有的人全方位地提供信息。目前从综合导示图、利用数字终端的无人看管的产品到拥有大型图像装备有人常驻管理的产品都有。

指示类的标识有两大类，即诸如导向板、路标、标识牌等传递信息的标识和桥、建筑雕塑、树木等构成城市标志性景观的标识。这些标识传递信息的方式有多种，诸如利用文字、图形（符号）、色彩的视觉传达方式，利用音响的听觉传递方式，利用立体文字的触觉传递方式以及利用香气等气味的嗅觉传递方式。

关于城市标识规划设计，应当在决定配置所有标识图牌前，利用不同的建筑造型、色彩、行道树、地面铺装材料，并通过设置纪念性建筑，标志性树木、大门等使建筑等本身具备一定标识功能。

标识的颜色，造型设计应充分考虑其所在地区，建筑和环境景观的需要。选择符合其功能并醒目的尺寸、形式、色彩。而色彩的选择，只要确定了主题色调和图形，将背景颜色统一，通过主题色和背景颜色的变化搭配，突出其功能即可。传递信息要简明扼要，配置与设置标识时，所选位置既要醒目，又要无碍于车辆，行人往来通行。结构应坚固耐用，标识所配备的照明一般安装在标识内的内藏式和外部集中照明方式。

③通信类

通信类的公共设施有公用电话、报警电话、信箱等，将来还可以考虑因特网终端系统。公用电话有箱盒型和亭子型。箱盒型、亭子型的外壳一般为成品，但在独具特色的广场中也可是与景观相协调而设计独特产品。无论箱盒型还是亭子型在室外设时，都应当考虑轮椅使用者而增设操作台较低的类型。信箱设施由行政署决定，所以在规划时，位置的摆放与相关部门做好协调是关键。

④广告类

广告类的公共设施是用来给普通市民发布必要的公益性信息的，如告示板、钟表、大型图像显示、光电显示、各种提示类（防灾、噪声、CO_2 浓度提示等）产品。告示板属于图表类的标识设计而作为商品来使用。告示张贴的方式有图钉、胶带、磁铁等方法。若展示时间较长则需要有防雨措施。钟表通常设置在公园、广场，成品为功能单一的产品，如想在广场中以象征意义演绎空间的话，则使用铸铁类具有特殊设计的特制品。光电显示、大型图像装备现在大都以商业为目的而使用，但也有像在巴黎那样，今后也可能有包括传递民间信息在内的作为城市信息传递手段而使用的大型设施。

（5）庆典系列

街道中的公共设施大都长期设置在街道旁或广场中来保证人们的户外活动。庆典类公共设施通常是在举行民间活动、庆祝仪式、大型活动等临时性、非日常性的活动时对应设置的设施，因此多为临时性的。庆典类公共设施的功能是在举办节日或庆祝活动时，在传递大型活动的意义的同时赋予日常景观以变化，给日常的生活带来变化和节奏感，增添活力。另外，与参加祭典、大型活动相比，众多的人参与的成规模的仪式类公共设施带来的是作为团体的统一、连带感。

庆典活动按内容分为两类：一是在传统地区、历史中衍生的随季节转变而进行的，如：春节、正月十五、中秋节等节气的活动。还有作为习俗成为社会性惯例的节日，如与人的一生相关的生日、国庆日、婚礼纪念日等。二是为城市增添活力、改变社会生活，刻意策划的大型活动，如行政或团体为了记住需要纪念的事情而举办的活动。

①节日活动、季节性活动

中国是一个有四季变化的国家，在不同的季节举办不同的活动。地区不同变化也不同，这些都是自古以来延续下来的，人们在理解其中的内涵和意义的同时，享受着传统文化的乐趣。

②大型社会活动

从民间企业、商业街区到政府部门、国家的纪念日等由不同的单位来策划实施。这些庆典类公共设施要根据各自的场合、目的来考虑制作。无论何种情况都必须考虑根据活动的宗旨和目的采用让观看者容易接受的设计。在庆典类中多利用空间效果进行展示，如旗帜、横幅标语等，这些公共设施成本低，易制作，利用宣传，在短期内即可见效。

庆典类公共设施的设计关键是临时性，重点应是可快速安装与撤离。对于在固定的时期连续举行大型活动用的公共设施要研究好收藏方式和保管场所。庆典类的初衷并非公共设施本身，而是公共设施所营造出来的空间，如何演绎空间场所是其关键。规划时要充分考虑到能灵活应用到其他类的公共设施及其安全性，营造出合乎目的的空间、场所，这种观点是非常重要的。

（6）游戏设施系列

游戏设施的功能和目的是以2~12岁年龄段的儿童为对象，孩子们通过玩耍学会与人交流的方法，培养丰富的创造力。游戏设施在其间是作为集中提供各种方法的手段而存在的。

①游乐场的安全

游戏设施基本上都带有一定程度的危险性，因此要充分考虑器具自身的安全性和空间的安全性，要确保周边有足够的安全范围。对于周边地面，跌落后都要有相应的安全胶垫防护措施（图5-18）。

②游戏设施的分类

游戏设施从游玩方式可分为：休息、徒步等的休闲类游玩方式；弹跳、飞跃、摇摆、滑行、奔跑等激烈性游玩方式；追逐、格斗、模仿等游戏式游玩方式；悬吊、攀岩、钻洞、起立、爬行、跑步等挑战性游玩方式。

人们根据不同的目的选择游戏设施从而构成游戏环境。它的另一种分类方式，是从游戏设施的存在方式上分有静态的、动态的、复合型的，从特点

图5-18　游戏设施的安全胶垫防护措施

上可分为玩耍式、运动式、训练式。

静态设施：作为单体来使用，如沙坑、滑梯、攀爬梯架、单杠、旱帆船比赛场、滑行比赛场等，器具本身是固定的。

动态设施：作为单体有秋千、各类跷跷板、网绳的攀爬网、绳网桥等。动态器具应选择信誉好、安全性高的厂家生产的产品。

组合型设施：由小屋、木板、滑台、管子等拼装组合的，具有组合性的游玩内容，要根据用地情况来构建游憩环境。

运动设施：进行旱冰、冰球、山地自行车、棒球的投球、网球练习等体育项目而设的坡道、本垒、墙体等，通过不同组合方式来对应各种状况。

（7）照明系列

照明的功能首先是将黑暗变得明亮，即使在夜晚也能认清观看对象。照明的另一个更重要的功能是利用灯光的各种特征来演绎空间光影效果。对于无需照明的白天景观，照出器具本身的形态、布置对景观的个性、风格都有很大的影响。关于光的设计另有详细阐述，在此仅就公共设施本身的设计问题谈谈注意事项。照明系列的种类按使用场所分为5大类：①高位照明；②道路照明；③人行步道照明；④公园照明；⑤低位照明。

另外，照明器具的形态是受光线的规划利用而影响灯具本身形状的，要将器具的设计同光的规划

设计紧密结合，统筹考虑。

①高位照明

在站前广场、停车场等使用的高度为15~20m的大范围照明设施，顶部有3~6盏灯头，较易构成象征性形态。

②道路照明

设置在公路上，以确保汽车行驶安全，高度为8~12m，选择时多注重功能性和管理、保护方面的要素。在景观中因是在道路上连续设置，所以容易强调出道路空间的轴线感。另外，要与信号灯、标识立柱等道路设施相关联，经一体化设计或连体设计可获得清爽的景观效果。

③人行步道照明

高度为4m左右，一般设置在道路的人行步道上或行人专用路上。在形式延续性景观的同时与其他公共设施一体化设计，勾勒出人行道的空间全貌。

④公园照明

大多在分散的面式空间中设置，与公园的周边环境相谐调，不太强调形态造型，重要的是突出与公园设计理念相吻合的造型。另外，与公园各种环境的需求相适应，与道路照明相比，它更强调的是演绎效果，因此与场景的特点相结合可营造出创新的设计效果。

⑤低位照明

在花坛、园路边设置的垂直照射的照明，因是运用光源自身的演绎功能，所以多为简洁的设计造型。行列式布置时，突出了人行道、车道、水边等界线，在大的草坪广场、庭院，可散点配置，以展示其开阔性。

（8）装饰系列

装饰系列的公共设施是以满足利用者视觉、感觉的舒适性为目的而规划、设置的。为此，设计上在考虑景观功能的同时，还要考虑其实用性、生态学效果。通常包含有植物、水体、雕塑、宣传画、广告等。

①盆栽·防护罩

一般植栽在景观设计中是进行整体规划时所

图5-19　树池的防护作用

应考虑的，但在人工地基和大型中庭内，鉴于养护问题多以种植的形式来规划。盆栽的基本特点是摆置可以移动。盆栽的形状根据所种植的植物种类、形状、大小、摆放场地的状况等呈多样化。盆栽的形状和大小取决于树木根部特性以及与树形之间的关系。

公园、街道的行道树等都有保护树根的树池护板、支撑树干的支柱（图5-19）。树池护板一般均为铸铁的，若要与人行道的设计谐调可使用石材、混凝土等。树的支柱起固定、防风作用，简易的用木杆支撑，但考虑景观的整体性，很多地方使用由钢管设计的产品。

②雕塑

雕塑具有许多功能，如象征主宰者的权力，抽象地传递着当地的历史、理念、城市的未来形象，给人以喜悦、感动、安慰。利用纪念碑、大门等的地标，让人们从视觉上认知城市的入口、中心，通过连贯性的雕塑的布置以及区域整体雕塑的扩展来强化城市的结构和个性。雕塑的种类有抽象的、具体的、静态的、动态的、可玩耍的等。雕塑以单体设置时，其设置方法有以下几种：作为决定主题而有故事情节的空间来设置；为使其起到地区标志作用而作为景观来设置；作为当地的特色全面纳入街区建设中去展示（图5-20）。

图5-20　雕塑的设置方法——展示

图5-21　喷水

图5-22　大门

图5-23　越战纪念碑

③喷水

喷水是利用水塑造各种形态，使人耳目一新、心旷神怡，喷水对人的心理影响较大。此外，瀑布等形成的落水声在一定程度上削弱了周围噪声，在夏季还可起到降低周边温度的作用。水的典型样态是向人们展示水的"表情"，如：静水、流淌、涟漪、落水，通过喷嘴和压力形成高、低、进射的水、雾，有的喷水还可演绎出能想象得到的各种姿态（图5-21）。

④大门、纪念碑

大门的设计要点是要具有作为大门从周边即可认知的尺度和造型，宜采用对柱、拱、隧洞等由穿透感的形态（图5-22）。此外还要具有作为大门的易识别性。纪念碑要求有象征性形态，如建成地标、表明地界、造型上带有地域形象以及历史意义等（图5-23）。

5.3　居住区景观设计

5.3.1　居住区景观概述

18世纪下半叶爆发的工业革命引发了城市形态的重大变革，人口向大城市大规模聚集，城市的迅速膨胀打破了传统城市以家庭经济为中心的城市格局，城市中出现了前所未有的大片工业区、商贸区、工人住宅区以及仓储区等职能区划，城市结构和规模都发生了急剧的改变。同时城市人口爆炸，居住条件恶化等问题日益严重，出现了一系列被称为"城市病"的复杂城市问题，为了根治"城市病"，19世纪末以功能主义和机器美学原理为基础的城市理论应运而生，到20世纪20年代，在国际建协（CIAM）的推动和雅典宪章的倡导下，城市逐步脱离古典主义传统，向功能主义形体化方向迈进。

雅典宪章强调城市明晰的结构组织，注重功能分区与用途纯化，追求统一的空间秩序，将城市机械的分割为四项基本功能，即居住、工作、交通和游憩，强调城市中不同功能的分区格局，再以交通网彼此联系，雅典宪章的基本原则和精神实质在城市形态上表现为各城市功能被交通网彼此联系，雅典宪章的基本原则和精神实质在城市形态上表现为各城市功能被交通线划分成具有严整几何形的功能分区，形体环境秩序井然。同时城市结构以纵向的树形结构形成等级化的组织体系，即按照严格的递增等级来组织城市。

城市的基本组成单元是，近百家住宅组成一个邻里单元，几个邻里单元围合成一个邻里单位（以一个小学的服务面积控制规模），中间是邻里单位的中心，几个邻里单位围绕一个包括各项公共生活中心的城市次中心，中心的服务半径正好覆盖这些邻里单位。城市中心被多个这样的城市基本组织单元，以及独立出来的工业用地，绿地等围绕，从而使城市结构表现为由大至小等级化梯度形成的中心体系即城市中心，城市次中心等。组织的城市空间，同时城市道路也根据各中心的等级相应呈等级化的梯度变化，第二次世界大战以后这种组织结构规划的城市及城区大量出现，尤其在新建城市，如以英国哈罗斯新城为代表的新城建设及巴西利亚的规划和建设中，这种等级化的城市组织结构和功能空间划分的特征非常鲜明地体现出来，邻里单位是由美国建筑师佩里（C. Perry）于1929年提出的居住空间组织方式。它以一个小学的合理规划为基础控制邻里单位的人口规模，大约居住1000户，以四周的交通道路为边界，形成不被外界交通穿越的，内设必要公共设施的，日照通风景观条件良好的居住空间。邻里单位模式产生于功能主义形体规划为主流思潮的背景下，与功能主义等级化城市居住空间的组织方式，邻里单位体现了《雅典宪章》所倡导的功能主义原则，本身的组织结构也呈现等级化。邻里单位中的服务设施独立于居中的位置，并以其服务面积控制着邻里单位的服务设施的位置，并以其服务面积控制着邻里单位的居住人口规模。居住空间的功能被划分为住宅、道路、绿化、服务设施，彼此功能划分明确，空间互不交叉，邻里单位内部道路宽度，绿化面积，服务设施规模也从邻里单位向邻里单元呈等级化递减；对于建筑形体环境，住宅的高度、日照、间距、朝向、建筑密度等都通过精心的设计达到理性的结果。邻里单位模式的出现，改变了工业革命后住宅街坊中的拥挤、恶劣的居住环境，并以新的居住模式对应汽车交通时代的客观条件，其在当时的进步意义是不可忽略的。斯坦因的雷德朋街坊模式、苏联的居住小区模式是邻里单位模式的代表。

居住环境作为人居环境的一个重要组成部分，担负着向人们提供舒适的居住生活的任务，同时也提供一定的场所，担负一定的社会功能，它是由自然环境，社会环境以及居住者三部分构成的一个系统整体，完整居住环境的概念既有室内，又有室外，既有个体，又有群体，既有自然因素，又有人文因素，它是容纳人们生活范畴内的一切活动的物质空间。因此，现代居住区环境设计的内涵既包括不同类型居住空间的设计，如街道、院落、广场等；也涉及人与人，人与环境之间的关系。肩负妥善，合理处理各种居住环境中的公共性与私密性，接触与隔离等使用特性的任务，包含环境社会学，环境心理学以及社会生态学等方面的深刻内容。

5.3.2 居住区景观设计的影响因素

凯普斯指出："每一个现象，一个实体，一个有机形式，一种感觉，一种思想，我们的集体生活——它的形态和特征应归功于内外相反两力斗争的意向，一个物质实体是自身结构和外部环境之间斗争的产物。"

影响居住环境的因素是多方面的，涉及土地、资金、设计、技术、管理、回收等，但总体来说可概括为两大类，自然生态因素和社会因素，自然生态环境可简单地视为外在环境，社会文化环境可视为内在环境，人类的居住形式正是在这两类因素的相互作用下和影响下，展现出自身的丰富多彩。

1）自然因素的限定

自然环境气候是由气候、地貌、水文、土壤，植物和动物界有机结合成的综合体，这种"综合体"是自然地理的概念，不包含人文因素，人类的生存依赖于自然，同时自然又威胁着人类的生存，人与自然的这种矛盾反应在居住上就是自然因素限定着居住的存在、形成和发展方向。

（1）土壤资源与居住密度

土地是城市形成和发展的前提和基础，是人类赖以生存的必要物质条件，是人类生存系统中最可贵的资源。作为具有稀缺性和不可再生的一种物质资源，土地一直是人们普遍保护和重视的对象，它对居住密度具有很大的影响和制约作用。

农耕经济是我国古代传统的经济形式，土地对广大农民来说极其重要。人们对土地具有凝重的情结，《荀子·天论》提及只有"天地厚蕴"，才有"万物化生"；"得地则生，失地则死"。因此，节地保土，提高土地使用率成为聚居环境创造中最重要的原则。聚落的营建应尽量节约土地，不占良田好土，并且根据土地资源状况合理安排生活居住用地和生产用地。这种思想造成许多聚落内部建筑密度大，街巷狭小，例如我国南方江浙一带，人多地少，土地价值高，聚落内部建筑密集，小巷幽深，土地利用率极高。

在我国现代城乡住宅的建筑中，土地资源对住密度仍然具有较大的影响，特别是在土地紧张，人口密集的大城市和对土地依赖程度高的地区，这种影响表现得尤为显著。城市中人多地少，土地资源缺乏，要求居住用地的开发必须提高密度以满足更多人对居住的需求。此外，随着城市土地使用制度的改革以及土地有偿使用政策的实施，土地资源的经济价值充分体现，并以地价形式反映出来，这就要求房地产开发者必须关心他们用巨额代价所取得的土地使用权能够产生多大的效益，土地资源与居住密度的联系也更为紧密。在对土地依赖性大的地区以及欠发达地区，土地作为人们生活中的重要资源而备受珍惜。

我国土地人均占有标准仅为世界平均水平的三分之一，我国确定的土地基本国策是"十分珍惜和合理利用每寸土地，切实保护耕地"。因此，20世纪80年代以来，在我国居住区的建筑中，低层居住区会适当提高居住密度，提高土地使用效率，同时大量兴建多层住宅居住区以及住宅居住区。目的就在于节约每一寸土地，而在这种寸土寸金的条件下，势必制约了环境的发展，但正是因此，才需要探讨在现实发展的因素下如何利用有限的空间，营造更为有效、绿色的生态居住环境。

（2）气候与整体布局

与土地资源的作用方式不同，气候的影响在居住区整体布局上表现得尤为具体而明显，如果说人对土地资源的价值取向总是趋于认同的正值，并继而从维护自身生存利益出发而自觉或被迫节约用地的话，那么对气候的价值则需一分为二地加以判断、利用和营造。从而获得利于生存的良好居住环境，从大范围讲，我国由于地处北半球，季风性气候占主导地位。夏季有东、南沿海方向的季风；北部又受到西伯利亚冬季寒流的侵袭。居住环境整体布局多为朝南，许多村镇往往选址于背山面水之所。背水靠山，有利于抵挡北来的寒风；面朝流水，利于迎接夏季掠过水面的凉风；坐北朝南，则可获得良好的日照条件。此外，我国南方与北方住宅布局也各有特色。南方湿热，北方干爽，因此，南方对住宅的通风要求比较高，北方则更为重视住宅的采光日照。整体布局受日照间距的制约比较大。从而构成南方住宅密集，北方相对宽松。南方开敞，北方封闭的差别。在此基础上居住区环境设计也应注意其微气候的营建与处理。

2）人文因素的限定

人生活方式的丰富内涵和无穷外延是所在世界多姿多彩的源泉，而居住行为从本质上讲的是人的行为方式。人作为居住行为的执行者，是居住环境的本源。因此，只有居住生活方式的深层介入，以人的生理、心理、行为、情感等方面需求为依据研究居住环境，强调人的行为参与和意识认同，才能从根本上把握居住环境设计的真谛。

（1）环境、行为和心理

这一领域主要研究人类所共有的，体现环境与行为相互作用的现象，包括环境知觉，环境认知以及空间行为三类：

①空间行为：研究人在空间中的活动，包括人的生理因素，使用空间方式及人的行为模式。空间行为着重研究的是人怎样用空间作为社会交往的手段，领域性、私密性、人际距离和个人空间、拥挤感是其中的五个基本概念，它们可反映出人在居住区时的心理需求。

②环境知觉：研究不同的人在感知不同环境时的规律，如感知居住区的宽敞感、亲切感、舒适感等。

③环境认知：研究的是人对于特定空间的表现识别和理解环境的规律。针对居住区建设千篇一律、难以识别的情况，研究人们的认知规律，有助于设计者了解居住空间环境存在的问题，使居住区景观环境更符合使用者的心理需求。

（2）多层次的需求

居住空间环境规划设计的最终目的是为居住者提供一个良好的环境，使人能更好地实现他们的各种个人与社会活动。因此，适应与满足人的需求是居住空间环境设计的基本要求。

①需求层次理论

美国社会学家马斯洛在《动机与个性》一书中提出"需求等级"学说，把人的需要由低级到高级分成五个层次，分别为生理、安全、爱与归属，尊重以及自我实现的需要。需求层次理论提出，人的需求的产生是一个从低级的生理需要到高级的自我实现需要的发展过程，只有当低一层次的需要得到满足后才可能产生对高一层次需要的需求，在整个人类社会中，各层次需求呈金字塔形。各类需求的关系并非完全固定不变，可因时、因地、因不同的外在环境（如经济发展水平、文化素养、政治体制等）出现不同的需求结构，其中总有一个占优势地位。

②多层次的环境需求

从人的需求角度来看环境，可视其满足人的需求的程度分为三个层次：

生活必需的环境

人类生活的基本要求需要一个满足其功能使用要求的物质环境作为基础。在居住环境中，住宅是人们生活的核心，而日常生活所需求的方方面面都应维系在居住环境内部和邻近地区，这就是居住区的实质环境——生活必需功能的配置提出了要求。因此，良好的市政基础设施以及超市、医务所、幼儿园、学校、停车场地、垃圾站等配套公共服务设施已成为居住生活中必备的环境硬件，是创造良好居住环境的物质基础。

生活舒适的环境

随着人类生活质量的提高，人们的生活环境观念已经从以往"住得宽敞"向"住的舒适"转变。所谓住得舒适，已不仅仅指居住的配套公共服务设施齐全，就居住环境本身而言，还要提供较多令人产生愉悦感的高质量综合感官信息（包括视觉、听觉和嗅觉在内的综合感受），即优美、和谐，令人流连忘返的居住外部环境，即温暖的阳光，和煦的威风，赏心悦目的花卉、草坪、遮荫大树，安静的步行小径，宜人的游戏，休息场地以及活动广场等。

有生活品位的环境

现代人类在满足舒适的生活环境之余，也着眼追求一个有生活有品位和归属意愿的家园。这是在物质环境基础上引发出的精神文化需求，这个层次的环境是将分散的物质元素升华为信息连贯的艺术整体，引发产生的一种意境，以符合一定文化内涵和特定精神的需求；它不仅产生愉悦感，舒适感，还将通过人的联想产生特定的情感体验——留念、生情、品赏、意恋、陶冶人的情操。这一层次的居住环境往往具有独特的场所特征，如山川、河湖、海景、松涛等自然特色或特定的人文色彩，居于其间，可以尽情品位生活的乐趣。

此外，除一般人的需求外，还应考虑儿童、青少年、老年人和残疾人或经济地位，生活方式不同的使用者对环境所具有的特殊需求。在现实环境中，随着时代文化的变迁，生活方式的改变，各种环境层次的需求常常是共存、交织的，在整体发展进程中具有渐近性。

5.3.3　居住区空间设计构成元素

1）居住区绿地景观设计

居住区绿地是在居住区用地上栽植树木、花草，改善地区小气候并创造自然优美的绿化环境。我国城市居住区绿化率要求在30%以上，居住区绿地是城市园林绿地系统中的重要组成部分，是改善城市生态环境的重要环节，同时也是城市居民使用最多的室外活动空间，是衡量居住环境质量的一项重要指标。

绿地即种植绿色植物的场地，还包括绿地上的活动场地、风景建筑、小品和步行小径等。居住区绿地是城市绿地系统的重要组成部分，它在城市绿地中所占比例较大，其布置直接影响居民的日常生活。居民在居住区内生活、休息、活动的时间最长，因此直接影响着居民的身心健康，居住区绿地是居民生活中利用率最高的绿地。居民小区绿地配置相对简单，养护管理比较方便。近年来我国居住区绿地的分布与绿化水平发展很快，使得居住小区环境质量有了很大提高。

居住区绿地作用：①丰富生活：绿地是居民户外活动的载体，居住区绿地中设有为老人、青少年和儿童活动的场地和设施，使居民在住宅附近能进行运动、游戏、散步和休息等活动。②美化环境：绿化种植对建筑、设施和场地能够起到衬托、显露或遮荫的作用，还可用绿化组织空间，美化居住环境。③改善小气候：绿化使相对湿度增加而降低夏季气温，能减低大风的风速。在无风时，由于绿地比建筑地段的气温低，因而产生冷热空气的环流，出现小气候微风。在夏季可以利用绿化引导气流，以增强居住区的通风效果。④保护环境卫生：在起伏的地形和河湖岸边，由于植物根系的作用，绿化能防止水土的流失，维护坡岸和地形的稳定。⑤分隔空间：绿地可改善住栋之间，住宅与户外场地之间，住宅与道路之间的关系。居住区绿地按布局和功能可以分为居住区公共绿地、宅旁绿地、道路绿地和专用绿地等。以下进行逐点分析。

（1）居住区公共绿地景观

居住区游园绿地

居住区游园是居住空间绿地系统的核心，具有重要的生态、景观和供居民游憩的功能。一般结合小区的商业、文化中心布置，这样可以提高游园的利用率。从游憩活动来看，居住区游园为居民提供休息、观赏、交往及文娱活动的场所，是社区邻里交往的重要场所之一。按居住区规模1万人计算，其中游园面积约10000m²，游园的服务半径在300～500m之间，步行3～5分钟即可到达。居住区游园应作为居住环境的组成部分来设计，而不应模仿城市公园或照搬其中片段，成为居住区中孤立的"园林"。

①居住区游园分类

由于居住区游园面积不大，难以容纳过多内容，现今我国居住小区游园基本上可以分为以下四种类型。

a. 广场式

居住区游园以铺地广场为主，便于开展综合性活动，如聚会、跳舞、表演、儿童游戏等，规模一般不大。广场周围环以绿地，广场上点缀树木、花坛，广场式游园的优点在于能够为居民创造一个集体活动中心（图5-24），对组织社区文化活动比较有利，但应注意在广场上应适当栽植树木，形成宜人的树下空间，地面铺装应考虑硬性与软性的结合，避免大而无用的空旷的硬置铺装广场。

b. 草坪式

居住区游园以开敞式的草坪为主，树木较少。这种类型游园的优点是视野开阔，大面积的绿色与建筑形成对比，明快舒畅，但缺点是生态效益不足，多数草坪只允许看不允许进入，降低了环境的利用率，应适当增植乔木，提高绿地率，引入步行道并设置可形成视觉焦点或场所依托的景观。

c. 组景式

这类居住区游园利用地形、植物、围墙等划分景区，追求空间变化（图5-25），以游赏路线组织景观及活动区，有意模仿传统园林或城市公园的设计手段，由于居住区游园里住宅都很近，在游园整体景观构图中，周围住宅的形象几乎总是存在的。如果住宅形象比较呆板，可用树丛、地形适当遮蔽；如果造型较好，就可以引入到景观构图中，这就要求不能再用与现代住宅形象不协调的传统造型的亭阁，而应代之以有时代感的景观要素，组景式游园主要是利用地形和灌木来划分空间和引导视线，但目前有许多游园树木栽植松散，地形高度不足，难以遮挡视线，造成整体构图的散乱无序，达不到步移景异，空间变化的效果，因此，必须仔细考虑树木栽植的疏密变化与地形起伏。

d. 混合式

这类游园是上述几种手法的混合，广场、草坪或利用地形，植物的造景结合在一起，比例比较接近，力图满足居民的多种需求（图5-26），游园多以广场为中心，环境意向比较明确，但仅适于面积

图5-24　居住小区游园——广场式

图5-25　居住小区游园——组景式

图5-26　居住小区游园——混合式

较大的居住区游园，充分利用人工的广场与自然的植被，地形的对比产生美感，是混合式的特点。

②居住区游园设计要点

a. 配合总体。居住小区游园应与小区总体规划密切配合，综合考虑，全面安排并使居住区游园能妥善地与周围城市园林绿地衔接，尤其要注意居住区游园与道路绿化的衔接。

b. 位置适当。应尽量方便居民的使用，并注意充分利用原有的绿化基础，尽可能与小区公共活动中心结合起来布置，形成一个完整的居民生活中心。

c. 规模合理。居住区游园的用地规模应根据其功能要求来确定，在国家规定的定额指标上，采用集中与分散相结合的方式，使居住区游园面积占小区全部绿地面积的一半左右为宜。

d. 布局紧凑。应根据游人不同年龄特点划分活动场地和确定活动内容，场地之间既分隔，又紧凑，将功能相近的活动布置在一起。

e. 利用地形。尽量利用和保留原有的自然地形及原有植物。

③居住区游园位置设置及特点

a. "外向式"居住区游园

在一些居住区中，游园常设在小区一侧，沿街布置，或设在建筑群的外围，这种公共绿地的布置形式将绿化空间从居住小区引向"外向"空间，与城市街道绿地相连，既是街道绿地的一部分，又是居住小区的公共绿地。其优点是：既为居住小区居民服务，也面向城市市民开放，因此利用率较高；由于这类小区绿地位置沿街，不仅为居民游憩所用，而且美化城市，丰富街道景观；沿街布置绿地，以绿地分隔居住建筑与城市道路，具有可降低尘埃、减低噪声、防风、调节温度，湿度等生态功能，使居住区形成幽静的环境。

在规划居住区公共绿地时，如果有中心游园，又有沿街绿地，是较为理想的方案。但是我国目前城市用地紧张，小区级公共绿地只有1~2㎡的人均标准，如果从长远观点考虑，人居环境日趋提高，

应尽量为小区规划适当的面积作为公共绿地，绿地并非是可有可无，只起美化装饰作用，而是居民物质生活与精神生活的必需部分。

b. "内向式"居住区游园

另一种游园布置形式是将游园设在居住区中心，使游园成为"内向"绿化空间。其优点是：居住区游园至居住区内各个方向的服务距离均匀，便于居民使用；居住区中心的游园在建筑群环抱之中，形成的空间环境比较安静，受居住小区的外界人流，交通影响较小，利于增强居民领域感和安全感；居住区中心绿化空间与四周的建筑群产生明显的"虚"与"实"，"软"与"硬"对比，使空间有密有疏，层次丰富而有变化。

居住区组团绿地

居住区组团绿地是结合居住建筑组团的不同组合而形成的又一级公共绿地，是随着组团的布置方式和布局手法的变化，其大小、位置和形状相应变化的绿地，面积不大，靠近住宅，供居民尤其是老人与儿童使用。其规划形式与内容丰富多样。

①居住区组团绿地的特点

a. 占地小，易于灵活建设，便于充分利用建筑组团形成的空间。

b. 服务半径小，使用率高。由于位于住宅组团中，服务半径小，约在80~120m之间，步行1~2分钟可到达，既使用方便，又无机动车干扰，这就为居民提供了一个安全、方便、舒适的游憩环境和社会交往场所。

c. 绿地既能改善住宅组团的通风、光照条件、又能丰富组团环境景观面貌。

②居住区组团绿地规划设计要点

a. 组团绿地应满足邻里居民交往和户外活动的需要，布置幼儿游戏场、老年人休息场地、成人游憩区，设置沙坑、游戏器具、座椅及凉亭等。

b. 利用植物围合空间，树种包括常绿和落叶乔木、灌木，地面除硬地外铺草种花，以美化环境。避免靠近住宅种树过密，造成底层房间阴暗及通风不良。

c. 布置在住宅间距内的组团及小块公共绿地的设置应满足"有不少于1/3的绿地面积在标准日照阴影线范围之外"的要求，以保证良好的日照环境。

③组团绿地的布置类型

根据组团绿地在居住组团的位置基本上可归纳为以下几种类型：

a. 住宅周边式。这种组团绿地有封闭感。由于将楼与楼之间的庭院绿地集中组成，因此在相同的建筑密度时，这种建筑形式可以获得较大面积的绿地。有利于居民从窗内看管绿地玩耍的儿童。

b. 住宅的山墙之间行列式。行列式布置的住宅对居民干扰小，但空间缺乏变化，比较单调，适当增加山墙之间的距离开辟为绿地，可为居民提供一块阳光充足的半公共空间，打破行列式布置得山墙间所形成的狭长胡同的感觉，这种组团绿地的空间与它前后庭院绿地空间相互渗透，丰富了空间变化。

c. 扩大住宅建筑间距式。在行列式布置的住宅之间，适当扩大间距达到原间距的1.5~2倍，即可以在扩大的间距中开辟组团绿地。在北方的居住区常采取这种形式布置绿地。

d. 不宜建造住宅的空地布置式。在住宅组团的一侧，组团内利用地形不规则的场地，利用不宜建造住宅的空地，这样可充分利用土地，避免出现消极空间。

e. 临街组团绿地式。临街布置绿地，即可为居民使用，也可向市民开放，既是组团的绿化空间，也是城市空间的组成部分，与建筑产生高低，虚实的对比，构成街景。

f. 立体式布置式。随着住宅建筑的多式样，组团构成形式也不断丰富，在建筑的平面与立面上都在逐渐多样化。一些建筑之间架起的平台也成为组团绿地的一部分。

（2）宅旁绿地景观

宅旁绿地是住宅内部空间的延续和补充，它虽不像公共绿地那样具有较强的娱乐、游赏功能，但却与居民日常生活起居息息相关，结合绿地可开展各种家务活动，儿童林间嬉戏，绿荫品茗弈棋，邻里联谊交往，以及衣物晾晒等生活行为。宅旁绿地景观环境的营造能够在一定程度上促进邻里交往，密切人际关系，并且这种形式具有浓厚的传统生活气息，使现代住宅单元楼的封闭隔离感得到一定程度的缓解，形成以家庭为单位的私密活动和以宅间绿地为纽带的社会交往活动的统一协调。同时，宅旁绿地是居住区绿地中的重要部分，属于居住建筑用地的一部分，是形成居住区良好景观环境品质的重要组成部分。

宅旁绿地的空间构成

根据不同领域属性及其使用情况，宅旁绿地可分为三部分，包括：近宅空间。有两部分：一为低层住宅小院和楼层住宅阳台、屋顶花园等，一为单元门前用地，包括单元入口、入户小路、散水等。前者为用户领域，后者属单元领域；庭院空间。包括庭院绿化，各项活动场地及宅旁小路等，属宅群或楼栋领域；余留空间。是上述两项用地领域外的边角余地，大多是住宅群体组合中领域模糊的消极空间。

①近宅空间环境

近宅空间对住户来说是使用频率最高的亲切的过渡性小空间，是每天出入的必经之路，同楼居民常常在此不期而遇，幼儿把这里看成家门，最为留恋，老人也爱在这里照看孩子。在这里可取信件、拿牛奶、等候、纳凉、逗留；还可以停放自行车、婴儿车、轮椅等。在这不起眼的小空间里体现出住宅楼内人们活动的公共性和社会性，它不仅具有实用性和邻里交往意义，还具有识别和防卫作用。设计应在这里多加考虑，适当扩大使用面积，作一定围合处理，如作绿篱、短墙、花坛、座椅、铺地等，自然适应居民日常行为使这里成为主要由本单元实用的单元领域空间。至于底层住户小院，楼层住户阳台、屋顶花园等属住户私有，除提供建筑及竖向绿化条件外，具体布置可由住户自行安排，也可提供参考方案。

②庭院空间环境

宅间庭院空间组织主要是结合各种生活活动场地进行绿化配置，应注意各种环境功能设施的应用与美化。其中应以植物为主，使拥塞的住宅群加入尽可能多的绿色因素，使有限的庭院空间产生最大的绿化效应。各种室外活动场地是庭院空间的重要组成，与绿化配合丰富绿地内容相辅相成。

③留空间环境

宅旁绿地中一些边角地带，空间与空间的连接与过渡地带，如山墙间距，小路交叉口，住宅背对背的间距，住宅与围墙的间距等空间，须作出精心安排，尤其对一些消极空间。所谓消极空间，又称负空间，主要指没有被利用或归属不明的空间，一般无人问津，常常杂草丛生，藏污纳垢，又很少在视线的监视之内，成为不安全因素，对居住环境产生消极的作用。居住区规划设计要尽量避免消极空间的出现，在不可避免的情况下要设法化消极空间为积极空间，主要是发掘其潜力进行利用，注入恰当的积极因素，如将背对背的住宅低层作为儿童、老人活动室，其外部消极空间立即可活跃起来，也可在底层设车库，居委会管理服务机构；在住宅和围墙或住宅和道路的间距内作停车场地；在沿道路的住宅山墙内可设垃圾集中转运点，靠近内部庭院的住宅山墙内可设儿童游戏场、少年活动场，靠近道路的零星地块可设置小型分散的市政公用设施，如配电站、调压站等，但应注意将其融入绿地空间。

宅旁绿地的特点

①功能多样

宅旁绿地与居民的各种日常生活密切联系。居民在这里开展各种活动。老人、儿童与青少年在这里休息、邻里交往、晾晒衣物、堆放杂物等。宅间庭院绿地也是改善生态环境，为居民直接提供清新空气和优美，舒适居住条件的重要因素，可防风、防晒、降尘、减噪、改善小气候，调节温湿度及杀菌等。

②领属不同

空间领属是宅旁绿地的占有与被使用的特性。

领属性强弱取决于使用者的占有程度和使用时间的长短。宅旁绿地大体可分为三种形态：

a. 私人领属。一般在低层，将宅前宅后用绿篱、花墙、栏杆等围隔成私有绿地，领域界限清楚，使用时间较长，可改善底层居民的生活条件。由一户专用，防卫功能较强。

b. 集体领属。宅旁小路外侧的绿地，多为住宅楼各住户集体所有，无专用性，使用时间不连续，也允许其他住宅楼的居民使用，但不允许私人长期占用或设置固定物。一般多层单元式住宅将建筑前后的绿地完整的布置，组成公共活动的绿化空间（如图5-27）。

c. 公共领属。指各级居住活动的中心地带，居民可自由进出，都有使用权，但是使用者常变更，具有短暂性（图5-28）。

图5-27　集体领属的宅旁绿地

图5-28　公共领属的宅旁绿地

不同的领属形态，使居民的领属意识不同，离家门愈近的绿地，其领属意识愈强，反之，其领属意识愈弱，公共领属性则增强。要使绿地管理的好，在设计上则要加强领有意识，使居民明确行为规范，建立居住的正常生活秩序。

③季相景观变幻美

宅旁绿地以绿化为主，绿地率达90%～95%，树木花草具有较强的季节性。一年四季，不同植物有不同季节特点，春华秋实，气象万千，大自然的晴云、雪雨、柔风、月影与植物的生物学特性组成生机盎然的景观，使庭院绿地具有浓厚的时空特点，给人们生命与活力。随着社会生活的进步，物质生活水平的提高，居民对自然景观的要求与日俱增。充分发挥观赏植物的形体美、色彩美、线条美，采用观花、观果、观叶等各种乔灌木、藤木、宿根花卉与草本植物材料，使居民能感受到强烈的季节变化。

④多元空间特性

随着住宅建筑的多层化向空间发展，绿化向立体，空中发展，如台阶式，平台式，底层架空式和连廊式住宅建筑的绿化形式越来越丰富多彩，大大增加了宅旁绿地的空间特性。

⑤宅间绿地的制约特性

住宅庭院绿地的面积、形体、空间性质，受地形、住宅间距、住宅组群形式等因素的制约。当住宅为散点式布置时，绿地为围合空间，当住宅为自由式布置时，庭院绿地为舒展空间；当住宅为混合式布置时，绿地为多样化空间。

宅旁绿地的设计要点

①在居住区绿地中，住宅庭院绿地分布最广，使用率最高，对居住环境质量和城市景观的影响也最明显，在规划设计中需要考虑的因素要周到齐全。

②应结合住宅的类型及平面特点，建筑组合形式，宅前道路等因素进行布置，创造宅旁的庭院绿地景观，区分公共与私人空间领域。

③应体现住宅标准化与环境多样化的统一，依

据不同的建筑布局作出宅旁及庭院的绿地规划设计。

④植物的配置应依据地区的土壤及气候条件，居民的爱好以及景观变化的要求，同时也应尽力创造特色，使居民有一种认同及归属感。

⑤宅旁绿化是区别不同行列，不同住宅单元的识别标志，因此既要注意配置艺术的统一，又要保持各幢楼之间绿化的特色。

⑥在居住区中某些角落，因面积较小，不宜开辟活动场地，可设计成封闭式装饰绿地。周围用栏杆或装饰性绿篱相围，其中铺设草坪或点缀花木以供观赏。

⑦树木栽植与建筑物，构筑物的距离要符合行业规范。

集合住宅区宅旁绿地营建

底层行列式，底层行列式的住宅形式在商品住宅小区内较为普遍，基本上是宅旁空间格局。在住宅向阳面应以落叶乔木为主，采用一种简单、粗放的形式，以利夏季和冬季采光，而使居民在树下活动的面积大，容易向花园型，庭院型绿化过渡；在住宅北侧，由于地下管道较多，又背阴，只能选耐阴的花灌木及草坪，以绿篱围出一定范围空间，这样层次、色彩都比较丰富。在相邻两幢之间，可以起隔声、遮挡和美化作用，又能为居民提供就近游憩的场地。在住宅的东西两侧，种植一些落叶大乔木，或者设置绿色荫棚，种植攀援植物，把朝东（西）的窗户全部遮挡，可有效地减少夏季东西日晒，在靠近房基处应种植一些低矮的花灌木，以免遮挡窗户，影响室内采光。高大的乔木要离建筑5～7m以外种植，以免影响室内通风，如果宅间距较宽时，可在其中设置小型游园。在落叶大树下可设置秋千架、沙坑、爬梯、坐凳等，以便老人和儿童就近休息。另外要扩大绿化面积，向空间绿化发展，在城市用地十分紧张的今天，争取墙面和屋顶进行绿化，是扩大城市绿化面积的有效途径之一，尤其是墙面绿化发展潜力较大。它不但对建筑物有装饰美化的作用，尤其对调节气温有效果。比如在

图5-29　利用开花的攀援植物形成绿墙（曹福存 摄）

庭院入口处常与围墙结合，利用常绿和开花的攀援植物形成绿门、绿墙等（图5-29），或与台阶、花台花架结合，作为室外进入室内的过渡，有利于消除眼睛的疲劳，或兼作"门厅"之用，还有屋角绿化，打破建筑线条的生硬感，形成墙角的绿柱。

高层塔楼单元式，高层单元式住宅由于建筑层数高，住户密度大，宅间距离小，其四周的绿化以草坪绿化为主，在草坪的边缘等处，种植一些乔木或灌木，草花之类，或以草绿或开花的植物组成绿篱，围成院落或构成各种图案，有利于楼层的俯视艺术效果，在树种的选择上，除注意耐阴和喜光之外，在挡风面及风口必须选择深根性的树种，合理布置，借以改善宅间气流力度及方向，绿化布置还要注意相邻建筑之间的空间尺度，树种的大小高矮要以建筑层次及绿化设计的"立意"为前提。

周边式住宅群，周边式住宅群中部形成一个围合空间，其中布置充足的绿地和必要的休息设施，自然式或规则式，开放型或封闭型，都能起到隔声、防尘、美化的作用，形式多样、层次丰富，让人们在里边时既有围合感，又能看到相当一部分天空，没有闭塞压抑的感觉。

低层住宅前庭院绿地营建，居住在楼房低层的居民通常有一个专用的用花墙或其他界定设施分离形成的独立的庭院，由于建筑排列组合具有完整的

艺术性，所以庭院内外的绿化应有一个统一的规划布局，院内根据住户的喜好进行绿化，但由于空间较小，可搭设花架攀绕藤萝进行空间绿化，一般来说，住宅前庭院有以下几种处理形式：

①最小的过渡空间，无私人庭院，用于临时停放居民自行车等物，或为楼梯出口。

②由隔墙围成私人小院，具有很强的私密性。

③用高平台的小矮墙或栅栏分割成独立小院。

④用绿篱围合的绿化空间提供共享的观赏性绿化环境。

低层花园式住宅（别墅）庭园绿地营建

花园式住宅院绿化在我国历史悠久，形式多样，南北方各具特色，近年来，随着我国经济的迅速发展，各地已出现了部分高收入基层居住的低层高标准住宅房，形成了独门独院的独立户和连体别墅，每户房前留有较大面积的庭院，这里需要创造一个更加优美的绿化环境。一个良好环境的独居住宅，庭院绿化面积至少应为占地面积的1/2～2/3，才是真正温馨、舒适的居住环境，目前国内的别墅住宅，虽然都有自己的花园，但面积很小，房前屋后布置起来确实比较困难，不过客观上这类别墅小花园发展很快，数量很多，设计应注意的要点是：满足室外活动的需要，将室内室外统一起来安排，将庭院作为室内活动的外延区域；简洁、朴素、轻巧、亲切、自由、灵活，这是调查中住户对私家庭院的描述；因多为一家一户独享，要在小范围内达到一定程度的私密性；尽量避免雷同，每个院落各异其趣，既丰富街道面貌，又方便各户自我识别；充分发挥居民的参与性形成独特的自我空间。

住宅庭院一般可分为五个区域。

①前庭（公开区）

从大门到房门之间的区域就是前庭，它给外来访客以整个景观的第一印象，因此要保持清洁，并给来客一种清爽，好客的感觉，前庭如与停车场紧邻时，更要注重实用美观，前庭包括大门区域、进口道路、回车道、屋脊植栽及若干花坛等。设计前

庭时，不仅宜与建筑调和，同时应注意街道及其环境四季景色，不宜有太多变化，应以铺面为主，局部点缀绿化。

②主庭（私有区）

主庭是指紧接起居室、会客厅、书房、餐厅等室内主要部分的庭园区域，面积最大，是一般住宅庭园中最重要的一区，主庭，最适宜发挥家庭的特征，为家人休憩、读书、聊天、游戏等从事户外活动的重要场所，故其位置，宜设置于庭园的最优部分，最好是南向或东南向，日照应充足，通风需良好，如有夏凉冬暖的条件最佳。为使主庭功能充分表现，可根据地域特色，因地制宜地设置水池、花坛、平台、凉亭、走廊、座椅及家具等作为室外起居室之用。

③后庭（事务区）

所谓后庭，即家人工作的地区，同厨房与卫生间相对，是日常生活上接触时间最多的地方。后庭的位置很少向南，为防夏日西晒，可与北、西侧，栽植高大常绿屏障树，并需与其他区域隔离开来。由于厨房、卫生间的排水量多，且不易清洁，故在邻近建筑物附近，可用水泥铺地，园路以坚固实用为原则，但仍需与其他区相通。后庭栽植树木种类，宜以常绿为佳，主要设备有：垃圾箱、晒衣服的场所、杂物堆积处，以保持畅通为原则。

④中庭

指三面被房屋包围的庭园区域，通常占地最少。一般中庭日照、通风都较差，不适合种植树木、花草，但如果摆设雕塑品、庭园石或营建个整形的浅水池，陈设一些奇岩怪石，或铺以装饰用的砂砾、卵石等就较适合。此外，如果选用配置植物时，要挑耐阴性的种类，最好是形状比较工整、生长不快的植物，栽植的数量也不可多，以保持中庭空间的幽静整洁。

⑤通道

庭院中联络各部分必经的功能性区域就是通道。可以采用踏石或其他铺地增加庭园的趣味性，沿着通道种些花草，更能衬托出庭园的高雅气氛。其空间范围虽小，却可间距道路与观赏用途。

因用地限制，一般别墅庭院不可能兼具以上所有空间需求，在较小的庭院内应着重强调前庭院的标识性以及边角地段的绿化和周边空间的衔接。

（3）道路绿地景观

居住区道路绿地的作用

居住区道路绿地是居住区绿化系统的一部分，也是居住区"点、线、面"绿化系统中的"线"的部分，它起到连接、导向、分割、围合等作用，沟通和连接居住区公共绿地、宅旁绿地等各项绿地。道路系统应着重考虑车行与人行的分离以及避免车行对人的影响，居住区道路绿地具有以下作用：有利于居住区的通风；改善小气候、减少交通噪声、保护路面、美化街景。

居住区道路分级及绿化设计要点

居住区道路布局，居住区的道路规划布局应以住区的交通组织为基础，住区的道路布局结构是其整体规划结构的骨架，应在满足居民出行和通行要求的前提下，充分考虑其对住区空间景观、空间层次和形象特征的建构与塑造，以及街道空间多样化使用的影响和所起的作用，住区的道路布局结构应遵循分级布置的原则，并与住区的空间层次相吻合。居住区的道路布局应充分考虑周边道路的性质、等级、和线型以及交通组织状况，以利于住区居民的出行与通行，促进该地段功能的合理开发，避免对城市交通的影响，住区的道路应考虑地形以及其他自然因素环境，因地制宜的力求保持自然环境，减少建设工程量。居住区的道路布局结构应考虑城市的路网格局形式，使其融入城市整体的街道和空间结构中，道路设置在规划中起支配和主导的作用，在考虑道路的分级、道路走向、道路网布局、道路形式时，必须同时考虑住宅组群的空间组织，景观设计，居民的活动方式，也应同时考虑各个中心公共绿地的形态、出入口、面积大小等。

①小区级道路

小区级道路是联系居住小区各组成部分的道路，是组织和联系小区各空间的纽带，对小区的绿化面貌有很大作用。

小区主干道以车行为主，宽度一般为6～7m（图5-30），居民对小区主干道的布置一方面希望能顺利地进入城市道路，另一方面又不愿意无关的车辆与人流进入居住区，干扰他们的居住安静，影响他们的安全，对必须进入的车辆要迫使他们不得不降低速度，所以道路布置的原则应该是"顺而不穿，通而不畅"，主干道路面宽阔，选用体态雄伟，树冠宽阔的乔木，可使干道绿树成荫，但要考虑不影响车辆通行。行道树的主干高度取决于道路的性质与车行道的距离和树种的分歧角度，距车行道近的可定为3m以上，距车行道远，分歧角度小的则不要低于2m，在人行道和居住建筑之间，可多行列植或丛植乔灌木，以草坪、灌木、乔木形成多层次复合结构的带状绿地，起到防尘降噪的作用。

小区次干道主要以人行为主，一般4m左右（图5-31），联系小区各绿地游憩空间，属居民休闲之地，数目配置要活泼多样，根据居住建筑的布置、道路走向以及所处位置、周围环境等加以考虑。在树种选择上可以多选小乔木及花灌木，特别是一些开花繁密、叶色变化的树种，如合欢、樱花、五角枫、红叶李、乌桕、栾树等。每条路可选择不同的树种、不同断面的种植形式，使每条路的种植各有特色。在一条路上以某一、二种树木为主体，形成合欢路、紫薇路、丁香路等。在台阶等处，应尽量选用统一的植物材料，以起到明示作用。

②团级道路

一般以通行自行车和人行为主，绿化与建筑的关系较为密切，一般路宽2～3m左右（图5-32），绿化多采用花灌木。应在适当地段放宽铺装道路，安排自行车停放。

③前小路

住户或各单元入口的道路，宽1.5m左右，只供

图5-30　小区主干道

图5-31　小区次干道

图5-32　组团级道路

行人使用（图5-33）。

居住小区道路绿化带种植形式

居住小区道路绿化带种植形式一般采用以下形式：

①落叶乔木与常绿绿篱相结合。用柏树等常绿绿篱及落叶乔木将车行道及人行道隔离开，减少了

图5-33　宅前小路

灰尘及汽车尾气对行人的侵害，又防止行人随意横穿街道。

②以常绿树为主的种植，种植常绿乔木及常绿篱，并点缀各种花灌木，其艺术效果较好，由于常绿树生长缓慢，在初期遮阴效果差，故在常绿树之间种植窄树冠的落叶乔木。

③以乔木、灌木及草坪为主的种植。景观富于变化，生态效应较好。

④草地和花卉。植草皮和花卉艺术效果好，特别适宜于绿化带下管线多，有地下建筑物，土层薄，不宜栽植乔灌木的情况。

⑤带状自然式种植，树木三五成丛，高低错落地布置在道路两侧，需要有较好的施工和养护条件，并有一定规格的绿化材料。

⑥块状自然式种植，大小不同的几何绿地块组成人行道绿化带，在绿地块间布置休息广场，花坛。绿地块按自然式种植，用草地的底色衬托观赏树。

（4）专用绿地

在居住区公共建筑和公共活动用地内的绿地，由各使用单位管理，按各自的功能要求进行绿化布置，这部分绿地称为专用绿地，同样具有改善居住区小气候，美化环境，丰富居民生活等方面的作用，也是居住区绿地的组成部分，专用绿地主要包括小区教育，幼儿园，学校等。居住区专用绿地设计应依据不同空间功能的需求进行针对性设计，值

得注意的是：

据调查，多数小区并不设置学校而是将其推向社会解决居民儿童的教育问题，但也有小区会专门画出地段经营幼儿园等便民服务行业，尤其是在一栋大的楼盘教育设施尤其完善，涉及儿童保育中心、小学校等设施，小区内的教育场所应符合儿童学习环境需要，尽可能营造符合儿童心理需求的多样性空间，并根据儿童身体发育提供不同活动量的场地。这方面可进行专项研究，此处不做过多探讨。

小区内的商业，服务中心是与居民生活息息相关的场所，例如小区便利店、美容美发中心、洗衣、储蓄、邮电等，这些服务设施规模较小但却人流量较大，人们在此很有可能相遇，充满了邻里交往的可能性，因此在此类设施的入口空间应作空间退让，留出足够的活动场地，便于居民驻足停留、等候、交流。尤其是在便利店，饮食店外设立休息桌椅形成户外阳光吧。在调查中发现此类设施总是有人落座或享受食品饮料，或聊天休息，似乎背后的商店给了人们停留的很大背景。

小区内的锅炉房、变电站、垃圾站是必不可少的设施，但又是最影响环境清新、整洁的因素。所以应通过对此专用绿地的规划进行有效的保护环境、隔离污染源、隐藏杂乱、改变外部形象设计，利用攀援植物进行垂直绿化也是行之有效的方式，但应注意对此类场所的明确提示，以避免儿童不必要的探索行为而造成安全隐患。

2）居住区公共环境设施设计

随着城市居民物质与文化生活的提高，公共设施不断寻求品位的高层次，从整体环境促发，体现出系统化、综合化、步行化、社会化、景观化以及设备完善化。

（1）儿童游戏场所

居住区儿童游戏场基本类型

儿童游戏场是居住区公共设施系统的重要组成

部分，儿童户外活动的四个特点是：不同年龄的聚集性、季节性、自我中心性，这是儿童游戏场规划布局的依据。

不同年龄组的儿童，其活动能力和内容不同，在同一年龄组的儿童，其爱好也不尽相同，儿童游戏场要为他们设计有特点，符合儿童活动规律的内容与形式，具有较强的吸引力。根据不同年龄儿童的活动特点，儿童游戏场可以分为以下几类：

①住宅庭院内的幼儿游戏场。这是规模最小的儿童活动场地，在住宅之间的庭院中开辟约15m×15m的场地。设沙坑，铺设部分地面，安放座椅供家长看管孩子时使用，一般为5周岁前的儿童使用。

②住宅组团内的儿童游戏场。占地稍大些，面积约为1000~1500m²，布置在居住组团的庭院或组团之间的空地上，为5~8幢住宅楼的儿童使用，可安置简易的游戏设施，如沙坑、秋千、攀登架、跷跷板等小型器械，也可设游戏墙，绘画用的地面、墙面或小球场等，距住宅200m左右，是儿童使用率较高的场地。

③小区级儿童游戏场。为小区范围内儿童服务，常与小区绿地结合布置，面积为4000~7000m²，每个小区可设1~2处，可设置小型体育场，安装单双杠，吊环等体育器械和较大的游戏设备，也可修建少年儿童活动中心，开展文化，科技活动。

居住区儿童游戏场所设计要点

①根据儿童游戏类型尽量创造丰富多彩的游戏空间。

②儿童游戏场地地面应尽量采用弹性较好的材质，避免摔伤。

③儿童游戏场基本设计原则：

a. 游戏设备要丰富多样，场地要宽阔，儿童喜好活动，但耐久性差，对游戏的种类要多样，便于选择玩耍，能吸引儿童。

b. 与住宅入口就近，尤其幼儿喜欢在住宅入口

附近玩耍，有时将入口加宽铺装面积以供儿童活动。

c. 儿童有"自我中心"的特点，在游戏时往往不注意周围车辆和行人，因此儿童游戏场位置或出入口设置要恰当，避免交通车辆穿越影响安全。

d. 低龄儿童游戏区与大龄儿童游戏区应分别考虑，同时注意其间的联系以及周边住户的可观性。

④学龄前儿童使用者设计要点。

为1~5岁儿童提供的必要设施在居住区内非常受欢迎。孩子的监护人，家长和保姆带年幼的孩子来与其他的孩子们一起玩。同时自己也乐在其中。儿童活动场地通常会变成家长、保姆，同时也是孩子们的社交场所。其他人也许只是乐于看孩子们玩而被吸引到儿童活动区来。

a. 保证公厕易于到达，并有可以给孩子换尿布的设施，一个约38~45cm宽，0.9~1.2m长的专用架子，架子的支撑力达40斤，孩子在换尿布时可以躺在上面架子离地80~90cm，表面采用易于擦拭的不渗透材料，架子边缘最好有一个突出的高约5~7cm的棱以防孩子滚下去，应该有地方放置装尿布的背包和其他手头上的东西，在架子附近或下面要有足够的除污设施，架子旁应有下水道。

b. 儿童活动场内部和通向儿童活动场的道路表面要平滑，道路的宽度和平滑程度要以让婴儿车和蹒跚学步的孩童用起来很方便为标准，在场地内部，年幼的孩子喜欢在沙坑里或器械上玩，也喜欢在硬质地面上骑四轮车或脚踏车，所以，通向儿童活动场的道路同时还要尽可能成环形围绕场地。因为在沙箱中或沙地活动场上玩的孩子经常喜欢在玩的时候脱去鞋子，而在回家时再穿上，所以儿童活动场和周围道路之间的地方应易于赤脚走路。

c. 若有必要可以用约0.5m高的围墙或篱笆来围合儿童活动场，既可以防止动物进入，又可以给儿童及其家长以安全感和封闭感。但篱笆或围墙不要太高以免阻挡视线。

d. 提供可坐着看整个场地的长椅。当孩子和家长可以互相看见对方时，他们会觉得更安全。年幼

的孩子，如正在学步的只有一岁大的孩子与年纪较大的学龄前儿童相比，需要离他或她的父母更近，沙坑边缘布置长椅可以满足前者的需要而将长椅放得较远些可以满足较大的儿童及家长的需要。

e. 设置一些长椅以加强家长间的交流。最好是可以让两个人舒舒服服地坐下来，同时还可以放置多余背包、奶瓶、尿布和其他类似东西的长椅。

f. 游戏器械要足够牢固，足以承受成年人的偶尔使用。成年人有时坐在秋千或其他设施上是因为孩子们要他们加入到自己的游戏中来，或是因为家长们想坐着与其他家长聊天或坐着照看自己的孩子。

g. 在游戏器械下面铺设沙子。沙子是很理想的，是非商业性的缓冲面材。树皮削片、豌豆碎石、注塑橡胶和橡胶垫也是可接受的弹性面材，但没有沙子那样的内在游戏价值。任何情况下，游戏器械都不应该放在混凝土或沥青地面上，草地效果也无法令人满意，因为它易于损坏，裸露的泥土在潮湿的天气中会变得很泥泞。

h. 玩沙区应隔离，由围墙围合，有部分遮荫，以低矮的桌子或用于表演活动的游戏屋为特征。

i. 提供游戏的水源。孩子们在玩的时候可以在自己弄得很脏或者手上黏乎乎的而想去冲洗一下，成年人也喜欢在儿童活动场地中有水。同样重要的是有了水之后，沙子可以用来做模型，可以做出小河和壕沟，这样沙子的游戏潜力将成倍提高，但应考虑设施的维护，以避免浪费。

⑤6～13岁的使用者设计要点。

6～13岁的孩子通常是使用者中最少受关注，也是设计中考虑最少的群体，他们通常不在小区内提供的游戏场所活动，我们都记得自己孩童时代最喜欢去玩的地方，他们通常是些几乎没有什么明确信息指导我们应该做什么的，杂草丛生的地方。空地一直都最受这个年龄段的孩子喜爱，因为它能提供做事和玩耍的自由。因此，回顾、分析并记住为什么这些地方如此特殊，以及为什么在那儿玩起来很充实，这些很重要。同时此年龄段儿童游戏开始

因不同性别而有所差异。例如男孩子喜欢探险、踢足球，女孩喜欢跳皮筋、踢沙包等。

a. 对小区内某些地块不加设计而保持其自然状况如果植被是自然生长起来的，那就不要去碰它，如果它不是自然生长成的，那么种植一些不需养护的乡土植物品种，在这些地区，允许草类甚至野草自由生长，也允许孩子们在土里挖掘，在灌木丛中探险，与在经过人工设计的环境中的活动相比，这些活动可给孩子们提供更多实现梦想的机会，无论如何，都要确保不能因为视线阻隔而使这样一个植物繁茂的地区充满危险。

b. 使地形产生起伏变化。变化的地势能让孩子们在上面打滚、俯冲、滑行、躲藏等，在平坦的铺装地面上玩跳房子、弹子球、拍洋片也同样吸引着孩子。因此，硬质步道经加宽后经常产生令人满意的效果。

c. 把生命力顽强、分枝低的树木种在避开篱笆的地方，这样树周围的整个空间既可以供树木生长利用，也可以供孩子们使用，树木对孩子们来说变成了完整的环境。但经常的情况却是种植的树木品种不能承受过度的使用，要么采取各种措施把孩子们隔开，要么任树死掉，使用分枝点低的强壮树种可以让孩子们很容易地在上面兴奋地爬上爬下。

d. 充分利用有可能用来玩耍的自然因素，孩子们喜欢自然的要素如沙子、木头、水。如果卵石很大，足以构成一种挑战，孩子们通常更愿意爬大卵石而不是攀爬器械。这些要素应该很巧妙地布置在游戏区附近，形成一种未经设计的自然效果。

e. 提供诸如秋千或吊环之类的耗费体力和富有挑战性的活动器械，研究表明，孩子们通常更喜欢老式的金属秋千、滑梯、爬杆，而不是现代雕塑是的游戏器械。吊桥、爬网、平衡木和其他有动感的器械可以增强活动挑战性的程度。

f. 栽植一些树间距要求不大的树木，以方便儿童找到绑皮筋的地方。

儿童游戏场地设施

①沙坑。在儿童游戏中，沙戏是最重要的一种。幼儿戏沙立即会感到轻松愉快。在沙地上，儿童可堆筑自己想做的东西．它属于建筑型游戏。沙地深度以30cm为宜，每个儿童游戏占用面积约1m²。沙地最好设在向阳处，既有利于儿童健康，又可给沙消毒，应经常保持沙土的松软和清洁，定期更换沙料。沙坑可以设计成各种形状，常用的有方形、矩形、多边形、圆形、曲线与直线组合形。从使用和美观考虑，直线形成的交角最好做成圆弧。沙坑的边框不仅起拦沙的作用，也要考虑儿童坐戏和跨越，不宜太高，沙坑也可以和嬉水结合。

②水池。规模较大的游戏场可布置潜水戏水池，在夏季，嬉水池不仅供儿童游戏，也可以改善场地的小气候。水池的水深15~30cm为宜，平面可选用各种形状，也可用喷泉、雕塑加以装饰，池水要常更换。

③草坪与地面铺砌。柔软的草坪是儿童进行嬉戏活动的良好场所，同时还要布置一些用砖、石、混凝土及陶制地面等材料铺面的硬质地面。

④墙体，游戏墙及迷宫是常见的儿童游戏设施。游戏墙的线性可以设计成不同形状，墙上布置大小不等的圆孔，可让儿童们钻、爬、攀岩，锻炼儿童的体能，并增加趣味性，促进儿童的记忆能力和判断能力。墙体可设计几组断开的墙面，也可设计成一体的长墙，墙面可以有图案装饰，也可以做成供儿童在上面画画的白墙面。游戏墙的尺度要适合儿童的身高。

⑤游戏器械，活动器械。为儿童提供的最重要的机遇之一就是挑战，或是在儿童眼里具有冒险性的活动，享宁格曾指出："对活动场上发现烦人风险的熟练控制会产生一种成就感，从而鼓励儿童能够面对和控制挑战。"不过，设计师需要分清冒险性或挑战性与危险性之间的本质区别。活动场地内不应有危险因素或不可预见伤害的可能性。挑战性可以通过各种设施创造出来，刺激内耳，要求平衡能力

的设施，如轮胎秋千，攀爬面、桥、窄轴或矮墙；要求协调和判断能力的设施，如水平梯、梅花桩、攀援物、隧道、滑行扶梯；训练上身力量的设施，如吊环、单杠、摆绳、爬树和平衡木。可是在很多情况下，由于设计，布局，安装或器械下部铺装的欠妥，严重受伤的可能性仍然存在。在调查中发现，多数小区内儿童器械下方的铺面采用压实土、沥青及混凝土等存在安全隐患的材质。

安全问题还涉及器械自身的设计。针对的器械安全问题包括诱使手指进入的部位，有危险性的突出部，尖利的缘部或角部，以及会产生挤压，剪切作用的部位，因此，建议在选择活动器械时进行合理运用，以避免活动场上出现的意外伤害。

（2）户外运动场

居住区户外运动场是居住区公共活动场地的组成部分。在北京申奥成功后，人们开始更多地关注运动。今后的房地产项目不管是什么类型、什么主题、什么位置，在规划设计，环境配套等方面都将更多地考虑到健康舒适的因素。在如此浓厚的体育氛围中，将掀起一股强劲的健身热潮，并且这种健康生活理念亦会掀起人们对体育、健康从未有过的热情。运动、健康、休闲将成为开发商一个重要的卖点，买房人也会更多的关心："小区的健身设施怎么样，有运动场所吗？"

虽然几年以后各种体育运动场馆肯定会比现在多得多，但人们仍会觉得离自己的居所、生活圈有距离，缺乏归属感和心理上的安全感，再就是担心费用较高。人们真正渴望的是随时随地都能享受，在家门口就能进行健身运动的方式，让体育锻炼自然地融进自己的真实生活。人们需要的最基本的健康生活要求便是小区内拥有专门的运动场地，建有足够的健身设施。

事实上，许多居民小区已有或多或少的类似场所。比如露天小广场、乒乓球台、台球室，甚至有一个篮球场，但收费的项目必须实现预定好，不收费的项目你根本排不上队，就算轮到你了也玩的不

踏实，更别提健身要有科学性、持久性了。一些不惧马路粉尘的热衷体育锻炼的人便因陋就简，每天坚持在小区围墙外的道路上与汽车"赛跑"，真不知道他们在强身健体的同时，是否也在大口地呼吸中损害着自己的健康，这种"动感"生活看起来好无奈。

近两年相当多的新小区出现更加人性化的健康生活方面的设计，运动健身场所与设施深得买房人的青睐。"动感街区""动感之都""健康主义""运动社区"……一时间"动"区纷纷让人觉得整个楼市都在"动"。

小区的运动健身设施或集中，或分散分布在户内或户外。根据不同档次的楼盘，住户及住户不同的需要与经济承受能力，小区的健身场所，设施大致分以下三类：

①中低档流行类：小区开辟专门区域是指一些大中健身设施、器材。如很多小区在中心公园里设有大众休闲健身区，儿童乐园；篮球、羽毛球、乒乓球等各种占地面积不大的室外球类运动场所；许多小区设置长达数百米的慢跑道、步行石路、露天游泳池、儿童戏水乐园等。大多数设施投入成本较低，维护简单方便，运动项目普及率高。

②中高档时尚类：中高档楼盘大多专门建有项目齐全，设备高档，环境优雅的运动会所。例如自称为"国际健康生活会馆"的宝星园建有大型国际时尚会所，内设水疗休闲中心、恒温游泳池、时尚健身室、家庭保健中心，有些楼盘的会所中包含壁球、攀岩、射箭、砂壶、潜水灯，设计前卫的"玩儿酷"运动项目。也游将运动设施建在户外运动休闲区的，像网球场、高尔夫球场等。此类投入大，成本高，一般已经分摊到房价或物业管理费中，会所对业主实行会员制，大多不对外开放，为讲求高品质生活，注意私密性的高收入者日常生活之必备。设施定期由专业人员维护保养。

③纯粹运动主义类：一种是专业性较强的运动社区，京城首家运动主题社区荣丰2008不仅室外建有标准的足球、篮球、网球场、轮滑、滑板、滑草场、攀岩板等运动休闲场地，除了一座6000m²的运动娱乐会所外，分别以历届奥运会主办城市命名的一期8栋楼里，每栋都有两层包括儿童NBA球场，拳击沙袋，落袋桌球等在内的运动场所，住户能够享受到"免费24小时足不出户运动"，可谓经济方便之极。另一种是更注重情趣感的运动社区。位于朝阳路的美然动力街区利用大面积的园林将运动区巧妙的融合在内，跑到从门口延伸到社区的每个角落，各种健身设施随处可见，上万平方米的运动休闲区，上百种运动项目，让住户体验在家门口随时随地进行运动的乐趣。

设计应注意的是：运动场地周边应设置足够的休息区以促进运动间歇的邻里交往和过往居民的驻足观看；球类运动场地应远离儿童活动场地，以免对儿童造成伤害；高大树木应与球类运动场地保持一定距离，以免不便；场地选择是应充分考虑对周边居民的影响；应充分考虑宅间运动器械的设置，以方便老人的使用；各类运动场所应配以相宜的地面铺设以防发生损伤。

（3）停车设施

机动车停放

据央行调查，4.1%的储户表示购买汽车是储蓄的主要目的，居住小区机动车停车场设施一般有集中或分散式停车库、集中或分散式停车场、路边分散式停车位和分散式私人停车房。在底层花园式居住区中，较多采用分散式的私人停车房或路边停车位，在多层居住区中多采用分散式停车场或停车库，在高层居住区中或大型公建周围，较多采用集中式停车场或停车库。

通过调查，走访多个小区发现，现代居住小区内普遍存在车满为患这一问题，甚至有小区保安说，进出车辆太大，连他们自己都不清楚数量到底有多少，哪些车是小区业主自己的，哪些是来访的。地下停车库远远不敷所需。而且据观察很多车主更愿将车停在楼旁，以方便出行。尤其是很多女性车主，对地下车库的复杂性表示不安。在很多小区内小区道路停满了车辆，占据了住户的步行空间，而且存在更多的安全隐患。当然，要根本解决这一问题，将涉及包括汽车产业，城市公共交通系统，物业管理等等社会问题，非此专业能够独立完成的。但现状是，一些车无论是愿意或是无奈，都不得不停在小区内，一些车主或来访者也更愿意从窗口看到自己的私车，而住户在小区内散步时也是绝对不愿意看到满目的钢铁机器，那么，这就需要在环境设计上给以协调。具体应考虑的方面如下：

①小区地上停车场应远离住区公共活动空间，减少对住区的打扰。多采用垂直式停车（垂直于停车通道的方向停放），以确保单位长度内停车位最多，但停车带占地较宽，通道也至少要有两个车道宽。

②应注意设置残疾人停放车位，布置在停车场进出方便地段，并靠近人行通路。相邻车位之间，应留有轮椅通道，其宽度不应小于1.50m，两个残疾人停车位，可共用一个轮椅通道，残疾人停车的车位，应有明显知识标志。

③停车场内进行绿化植树，既可以美化环境，又可以形成庇荫，避免停放车辆在夏季内部温度过高，所设绿化带的宽度视所选栽植而定，应尽量避免选用易出树脂的松树科、樱树等树种，以免污染车体，地面采用绿地砌块等植物保护材料。

④地面停车，要平衡好人与车的用地关系，规划时要留足够人的户外活动用地。可利用住区的消极空间，宅旁屋后适当建规模适当的停车场，也可在道路的适当位置放大处理，建设港湾式的停车场。这样的停车场，使用者因日落而归，车停满，人回屋，互不干扰。

⑤面停车，还要平衡好停车与绿化的关系，不能影响环境。一般可采用植草砖，但应注意砖壁要薄，以留有足够的植草空间，还可以在车位间种植林荫树等形式，以增加住区的绿化量，改善生态。通过景观设计师的精心设计和物业的日常养护，这类问题不难解决。

⑥地下停车场可以采用全地下和半地下两种方式建造。多采用掩土车库的形式（即抬高绿地、运动场，底层作车库），有效解决了人、车、绿的矛盾。应着重考虑地下停车场出入口及停车场通风口的细节处理。

⑦传统的整齐划一的停车场绿地栽植使空间单调而乏味，应考虑树种的搭配栽植以丰富视觉效果。

非机动车停放

非机动车停放场所是停放摩托车、自行车的场所。居住小区非机动车停车设施有独立停车库、停车棚、住宅底层、地下或半地下停车房和住宅出入口露天停房等几种常见形式。停车方式为集中停放和分散停放两大类。

大中型集中式独立停车库和停车棚通常设于居住小区的中心或若干住宅组团中部或主要出入口处，并具有合适的服务半径，为整个小区或组团的居民服务；中小型集中式停车棚或露天停车场常设于公共建筑前后或住宅组团内，为组团中和使用公共建筑的居民服务；小型分散式停车棚，住宅底层停车房、露天停车位常为一栋或几栋住宅内的居民服务。

设计时应注意：

①为确保安全，尽可能将摩托车，自行车分开停放。

②集中停放场地中除车棚外，还应配备照明，指示标志等设施。

③停车场地若与道路，人行道垂直布置，应尽量选择不显露自行车，有利于景观的停放方式，同时，在停放场的背、侧面设置挡板或围墙，以防淋雨并美化景观。

④为方便停车场地清理车辆，养护场地，以及改善停放场的景观。停放场地应配置自行车架。目前，自行车架的种类很多，有带轮槽的预制混凝土台架，有卡放车轮的钢管制车架等等，可根据情况选择。

⑤关于停放场地的地面铺装，如采用沥青铺

装，夏季会受热变软，易残留自行车轮痕。因此，最好选择那些不易受热变形的路面，如混凝土，或配以草坪砖墙增加绿化率。

⑥雨水排除设计时，既要考虑地面，又要兼顾车棚的顶棚。可在地面铺设碎石，使自顶棚排放下的雨水直接渗入地下。

⑦楼旁应设计一些停车架，以方便居民或来访者临时停放使用。

（4）休憩设施

①座椅

据观察，小区内使用最为频繁的设施是座椅。座椅似乎是人们在室外活动的依托。不同的人因不同的目的，以不同的方式坐着。人们希望能够找到最适于自己的环境。而座椅的布置、形式、尺寸，极大地影响着居民的使用。经过调查总结，座椅的使用因季节的变化而有所不同。

春季，人们喜欢坐在能够享受阳光，和煦春风的位置。但应注意春季也是过敏症状高峰期，人们往往会因此而减少户外活动。因此，应注意座椅周边植物的选用，尽量减少过敏症状的引发；夏季，座椅的使用多发生在傍晚，人们喜欢坐在开敞，有风，能够嗅到花香的位置。座椅附近应设置照明，但不应紧邻座椅设置高灯，以免招引飞虫和造成不适感。座位还应与灌木保持一定距离以防蚊虫，白天则应注意有树荫遮挡骄阳；秋季，人们喜欢坐在温暖但无风的位置；冬季，座椅的使用一般发生在晴朗的白天，人们喜欢坐在能够享受阳光而没有风的位置。

无论何种季节，能够观察到一些活动或是景致的座位总是更受欢迎。座位的形式也不一定仅限于座椅。一个空间如果提供了大量座椅，而多数时候因客观因素又没有人坐，会使空间显得空旷而无用。所以辅助座位可以是长满草的小丘、可观景的踏步、矮墙、环境小品等等。

②野外桌

据观察，设置有野外桌的小区并不多，野外桌的使用者一般是老人，因为老人在休息时更喜欢上半身有所依靠。而且，野外桌上如果刻有棋盘，也将是一种很好的户外活动。刻有棋盘的野外桌旁的座椅应尽量采用木制，以确保长时间就座的舒适性。

小区便利店或餐饮店外设置野外桌椅，据观察其利用率较高，并且促进了就座者之间的交往，栽植树木是落座空间上方形成遮蔽，周边栽种灌木都可以增强落座者的空间领属感。

（5）卫生设施

①垃圾箱、烟灰箱

沿道路设置的垃圾箱与烟灰箱应一体化设计，以方便使用。应注意耐火性、排水性设计。小区内应提供一定数量的可分捡式垃圾箱，以确保资源回收，活动场地周围应设置足够的垃圾箱。

②垃圾站

小区内垃圾的收集方式大概有三种，不设置特定设备，将垃圾投入垃圾袋收集，将垃圾集中在垃圾桶中收集，设置垃圾集中箱收集。

在确定垃圾回收，垃圾站设置分布时应挑选既方便清洁车顺利回收垃圾又不醒目的位置和路线，同时应避免挑选容易因空气污染和破坏景观等因素造成居民不满的地点。在垃圾站周围应设置围墙或植栽作遮蔽，并考虑其造型和色彩上的设计以满足景观需求。

③洗手池

我国现阶段城市居住区内一般不设立饮水栓，洗手池。但此类设施在小区内的使用是有发展前景的。饮水栓在我国也许不现实，但洗手池是需要的。尤其是儿童活动场地，儿童需要水作为游戏的素材，也需要水在玩耍之后进行清洗。运动场地，也同样需要运动后的清洗。也许在加强管理之下，此类设施可以出现在小区内，以完善人性化的服务。

（6）服务设施

①标志

多数标志的设置是以简明提供信息、街道方位、名称等内容为主目的的。其次是根据地区和用地的总体建设规划，决定其形式、色彩、风格、配置，制作出美观，功能兼备的标志，形成优美环境。

在居住区标志设计时应考虑以下几点。

a. 标识可帮助居民和来访者找到目的地和设施，并提供相关信息，但如果场地需要过多的标识则说明规划欠佳。

b. 利用符号、材质、凹字和图案来帮助那些有视觉缺陷的老人，采用白字或白色团配黑色或深色背景，以使可读性最佳。字母和标志必须与背景形成对比。

c. 标识物的表面材料应耐久，无反光。

d. 所涉及的标志物应当与当地风格及喜好一致。

②环境照明

居住环境照明空间包括院落、街道、广场、庭院等。居住区灯光照明主要目的是为行人提供安全和舒适的照明条件。随着人们生活水平的提高，通过对街道、绿化、雕塑、水景、小品等的实景照明，利用灯光创造完善的室外环境，增加外部空间的艺术表现力，也成为居住区环境景观的一个重要的组成部分。人工照明装饰可以通过灯具自身造型、质感及灯具的排列组合对空间起着点缀或强化艺术效果的作用，在环境艺术化的过程中，灯光照明扮演着重要的角色。小区内照明运用可用来突出一个地方或形成视觉焦点，界定一片地域或限定边界，以及提供安全保障，尤其考虑到老年人，眼睛需要更高亮度的照明。顾应除装饰设计外，还应针对实际需求注意以下几点：

a. 住区入口，建筑物入口和停车场内应采用高亮度的照明，以保证安全。庭院和其他活动区应有特殊照明效果。

b. 常有人使用的区域附近应设置照明。

c. 相互重叠的照明区可有效避免过量的眩光点。

d. 使用光线向下的照明设施，而不是光线向上或斜射的照明设施，以避免炫光。

e. 公共户外活动区或庭院应铺设电线和安智电气设施以及通用插座，已被户外表演活动使用。

3）居住区景观小品设计

居住区景观小品景观式是居住区外部空间设计的一部分，是形成居住区面貌和特点的重要因素。景观小品的设置是为居民创造优美，舒适的居住环境，也是构成环境的一部分。景观小品的设置要根据居住建筑的形式、风格、居住环境特色、居民文化层次与爱好、空间特性、色彩、尺度以及当地的民俗习惯等，选用适合的材料。建筑小品景观的形式与内容要与环境和谐统一，相得益彰，成为有机的整体。

（1）大门与入口

居住小区，组团，公共绿地及住宅庭院等的入口或大门，起到分隔地段，强化空间的作用，一般与围墙结合，围合空间，表示不同功能空间的界限，避免过境行人，车辆穿行，使居民身居安静、安全的环境之中。

居住小区和组团，小游园等入口形式多种多样，变化多端，有设计成门垛式，还有顶盖式，花架式，花架与景墙结合等形式，有的入口处将人行与车行分开，在步行道的入口处采用门洞式，以示车辆不可入内，保证居住环境的宁静。

住宅建筑一般可分为小区式住宅，独院公寓式住宅和花园别墅式住宅，不论什么样的居民区，其外围大都需要设立围护设施，以形成一个相对独立的居住空间。

大多数中国人对居住空间独立性和私密性较为重视，同时对住宅的外部形象也尤为讲究，因此，大门及入口作为住宅建筑中内外空间的界面和建筑形象的"脸面"，其地位和作用是不可轻视的。作为一个相互独立环境内外空间的分隔界面，门及入口赋予人们一种视觉和心理上的转换和引导，同时作为联系内外空间的枢纽，他们是控制与组织人流、车流进出的要道。在建筑的外部环境景观中，大门及入口又是一个重要的视觉中心，一个设计独特的大门及入口将使住宅室外环境熠熠生辉，同时容易形成居住小区居民的社区自豪感。

门是限定空间和连续内外空间的通行口，作为环境设施在城市中内容最为丰富，形象也多种多样，是进入空间的序列，也是进入空间时外部的唯一视觉焦点。作为环境设施，大门分为院门和标志性大门。院门是指进入居住区、庭院等的小品建筑，常和绿篱、墙体、建筑相结合，比较强调内外领域的分隔，强制性地限制人车的出入。标志性大门则是分布在公共空间中，卫浴空间的序列或中央，只是界定空间的标志，并无实际门的作用，不影响人车的通行，是人们心理上形成的门的概念，起到地缘和地域地标的作用。

在院门设计中，应该合理地安排门的宽度和高度，使之和周围的环境、主体建筑保持协调，综合考虑材料、色彩、造型对环境景观的影响，院门作为入口，是内部领域空间序列的开始，作为出口则是内部空间的终结，也是街道环境的起点，院门及两侧的景观起到内外空间衔接的作用。

标志性大门是区域的坐标，是所在场所性质的体现。以其独特的功能和形象，在环境中被人们所熟知。中国古代的牌坊就是一种标志性的大门，它具有划分街道空间、强调秩序和歌功颂德的作用。标志性大门根据所处的位置和所在区域的历史、社会、文化的意义，奠定其在整个环境中所起到的作用，而有些小空间入口的标志性大门，起到划分、限定空间的作用。对于标志性大门的设计应该综合考虑其民族特征，地理关系，在体量、造型、色彩、材料等方面反映区域的特点，对所有区域环境起到活化性的作用。

（2）围墙

小区周边围墙存在的基本功能是空间界域和安全防范作用。但随着近几年在我国上海、北京等诸多城市推行的"破墙透绿"工程，以及开发商对生态围墙的标榜，人们开始关注于围墙的更广泛的价值，以及对边防空间的重新认识，据调查，20%的被访者表示会在关注楼盘环境的同事留意围墙及周边，设计上应考虑以下方面：

①破墙透绿，被访者表示希望在小区外部就能够感受到住区的生机盎然。

②小区周边围墙应起到一定的视线遮挡作。被访者表示希望看到绿色而不是围墙外的车水马龙，更不希望小区外有人过于关注自己玩耍的孩子，人们担心过于通透而产生的潜在的不安全因素。

③小区周边围墙应安装防卫系统（例如红外线探测器），以及夜间照明设备，越是高档住宅小区，人们越是关注安全问题。

④围墙在设计时应考虑不宜让宠物穿过。

（3）凉亭廊架

凉亭廊架是供人们休息、避雨的公共设施，它们一般分布在人流较为集中的场所，是所在区域的标志。亭和廊共同形成一种具有较强领域性的空间。亭成点状分布，是视觉焦点也是行走的目标，廊呈线形分布，是联系空间的纽带。

据观察，在小区中，亭廊所处的空间是较为集中的场所，特别是老年人和儿童聚集的场所，老年人在这里打扑克、下象棋、聊天、晒太阳、凑热闹，儿童在这里玩耍、捉迷藏，亭廊成为小环境布局的中心。有时亭廊和攀援植物结合形成花廊，是亭廊建筑完全掩映在绿色之中，成为自然景观的一部分。亭廊除了有遮风避雨的作用外，还具有揭示环境特色，传达信息，空间过渡等功能。亭廊的设计同样也要结合所处的环境，其形象、色彩、材料在满足功能的前提下应该美观，符合人们的心理需求。亭廊的尺度不宜过大，粗大的水泥粉饰构筑物会破坏自然，形成视觉污染。亭廊的形式与色彩应与建筑和环境相融。

（4）桥

在小区环境的设计中，桥是不可缺少的交通疏导，联系设施，它们不仅具有交通疏导功能，而且也是住宅小区环境中人们识别的标志，是小区的重要景观设施。

桥很容易成为视觉焦点，因此其造型的好坏，也影响到所在区域环境的好坏，由于人们有登高的习惯，在桥上可提供观赏用的平台，把桥面设计成人们交往的场所，可布置一些休息设施、服务设施，并配以绿化，充分发挥桥的装饰作用。

在对桥进行设计时，不仅对齐造型进行合理的选择，而且对其位置、路面宽度、桥栏杆、阶梯、坡道、踏面也要进行精心的设计。水桥是指连接河两岸的交通设施，这是指分布在人们室外活动的公共场所中的水上设施，水桥往往是景观环境中的视觉中心。它立于空旷的水面上，极易吸引人们的目光，分布也十分广泛，而且造型优美，有拱桥、折桥、曲桥、悬桥、浮桥等。有的水面较浅，摆几个石墩也发挥桥的作用，桥成为环境中最重要的组成部分，桥和水面、河岸、绿化结合，满足人们行走、休息、娱乐的要求，形式活泼，色彩丰富，成为环境组景的重要手段。

（5）水景

在居住区设置水景，不只是满足人们观赏的需要，满足人们视觉美的享受，而且还可以使人们在生理上、心理上产生宁静、舒适的感觉，水景可调节环境小气候的湿度和温度，对生态环境的改善有着重要作用，尤其在南方地区，居住环境与自然地形相结合，利用河湖开辟水景，来增添地方特色，水景向来是园林造景中的点睛之笔。有着其他景观无法替代的动感，光韵和声响，所以现代的居住区很多都采用人工的方法来修建水池，人工瀑布，喷泉或与山石结合的自然山水池，使居住环境增加景观层次，扩大空间，增添静中有动的乐趣。

据调查，水景周边的空间是整个小区环境使用率最高的场所，被访居民中90%的人表示在小区内休闲散步时会在水边逗留或只选择在水边闲坐聊天，'小桥流水'是人们描述所希望居住社区使用做多的词汇之一，但在调查中也了解到，现今小区内存在的水景设施，使用者有着不同的看法，在诸多

小区内存在着以下问题：

①居民对中心绿地开辟庞大的自然式水池，以及过多粗犷的岸堤石块表示厌恶而无用。

②尺度较大而不能近距离接触的喷泉设施，能够对居住者产生一定的社区自豪感，但实际应用却不尽人意，人们甚至不愿意坐在庞然大物的周边。

③居民希望听到水流潺潺，但并不喜欢尺度庞大的人造瀑布，被访居民认为，大型的瀑布缺乏亲近感，而且对周边的住户有一定影响，只在节日期间开放。裸露的水管、喷头给人带来丑陋感。

④当人们希望坐在水边时，却经常无法找到合适的座位，被访居民表示虽然在野外喜欢坐在石头上，但在居住区内更愿意坐在舒适的座椅上，尤其在水边人们希望坐在木制的座椅上而不是冷冰的石凳上。

⑤巨大的水池使人们不愿让儿童接近，担心存在不安全因素。

⑥小区内的喷泉瀑布因运转费用过高，而不会全天开放，甚至完全成为虚设。

⑦夜幕降临，水边单纯的蓝色光配上植物的绿色照明让人们产生阴森的联想。

因此在水景设计上应尽量采用怡人尺度，水面较浅，具有可达性和可参与性。在满足水景的视觉美化功能上，寻求居民的使用参与功能，尤其是在炎热的夏天，满足居住区内孩子们对戏水的需求，同时注重水景的安全设计以及照明设计以提高水景在居民生活中的使用意义，注重水景在无水时的设计，以确保最大程度的景观品质。

小区内的游泳池是小区水景的特殊组成部分，一般在我国南方城市较为普遍采用，在设计时应注意的是：

①采用一大一小两个不同规格的泳池搭配，以满足不同年龄的使用者。

②小区泳池的形式应自由灵活提高使用的趣味性。

③泳池底部应着重色彩、图案设计以提高景观

品质，在访谈中有居民表示非常喜欢从窗口望见一池碧水，以及池底的图案。

④小区泳池周边应设置可遮挡的休息处，提供阴凉，同时应避免在休息时被楼房居民观看。

（6）硬质铺装

铺装作为空间界面的一个方面而存在着，像室内设计时必然要把地板设计作为整个设计方案中的一部分统一考虑一样，居住区硬质铺装尤其是道路铺装，由于它自始至终地伴随着居民，影响着居住区环境空间的景观效果，成为整个空间画面不可缺少的一部分，在调查中，问题主要集中在以下方面：硬质铺装单调，视觉效果乏味；光洁性材料和浅色材料的大面积选用，易造成路面眩光；色调单纯造成台阶处易导致视觉误差，而造成不安全因素的存在；步行道长距离的保守路面铺设，造成疲劳；因此在居住小区硬质铺设地设计上应注意以下几方面：

①铺地质感

居住区硬质铺地质感与环境和距离有着密切的关系，铺装的好坏，不只是看材料的好坏，而是决定与它是否与环境相协调。在材料的选择上，要特别注意与建筑物的调和，质感调和的方法，要考虑同一调和，相似调和及对比调和，如地面上用地被植物、石子、沙子、混凝土等铺装时，使用同一材料的比使用多种材料容易达到整洁和统一，在质感上也容易调和，而混凝土与碎石大理石，鹅卵石等组成大块整齐的底纹，由于质感纹样的相似统一，易形成调和的美感，依据外部空间理论选用质感对比的方法铺地，也是提高质感美感的有效方法，例如：在草坪中点缀空步石，石头的坚硬，强壮的质感和草坪柔软、光泽的质感相对比，也很调和。因此在铺地时，强调同质性和补救单调性小面积的铺装，必须在同质性上统一，如同质性强，过于单调，在重点处可用有中间性效果的素材。

依据外部空间中的尺度模数是室内空间尺度的10倍的理论，地面质感的处理也应具有相应的变化。在较大空间采用较粗犷质感设计，可以给人以

开阔。稳重的感觉，而接近室内空间的较小的半私密性室外空间应采用较细腻的质感进行设计，给人以精美，舒适的感觉，质感变化要与色彩变化均衡相称，如果色彩变化多，则质感变化要更少一些。如果色彩纹样十分丰富，则材料的质感要比较简单。

②铺地色彩

小区道路铺装的色彩应是沉稳的，色彩的选择应是能为大多数人所共同接受，它们稳重而不沉闷，鲜明而不俗气。路面夏季光线柔和，避免眩光。冬季又较普通混凝土路面感觉温暖，铺地的色彩如果过于鲜艳、富丽、则喧宾夺主，甚至会造成混乱的气氛，色彩必须与环境统一，或宁静、清洁、安全，或热烈、活泼舒适或粗糙野趣自然，图案与线条的稳定程度，试色彩变化的大小而定，另一方面，色彩又从属于纹样与材料。

③铺地图案

在小区的硬质铺地上，图案的运用可以起到丰富视觉效果以及加强空间界限特征的作用，铺地纹样因不同场所而各有变化，道路铺装时应考虑道路的功能性设计。小区车型道路应尽量避免烦琐图纹，只做局部见到的引导性纹饰，以防止对司机的错误性判断。步行道路图案太复杂，也会让人难以理解其中的含义，道路衔接的可逗留空间，可着重强调地面的纹样、材料要与区域意境相结合，加深空间的识别特征。

④庭院雕塑及小品

随着社会物质的进步，生活水平的提高，人们已把环境的美化与生活质量的提高紧密地联系在了一起。因此，让'雕塑走下高台，贴近生活'就从雕塑艺术家们研讨会上的侃侃而谈和工作台上的泥塑画稿，发展到今天一批优秀的雕塑已在与人们生活关系最大的居住区落了户。

据调查发现，小区雕塑在小区环境中的应用日益广泛，在2000年以后开发的小区中60%内设有雕塑小品，开发商在景园建设中日益关注雕塑小品的营建，甚至将家家门前有雕塑作为景观品质的筹

码。可见社会对其关注的程度，但在调查中发现，居民很少会驻足雕塑小品旁，节日或天气晴朗时会偶有居民在雕塑旁照相，被访居民表示，只会在入住初期留意园中雕塑，很快便不会再去注意，再问及是否希望小区内存在雕塑小品时，42%的被访居民表示希望，32%表示不需要，26%表示无所谓，不关心。现今小区雕塑主要的功能表现在促进社区自豪感上，而且因很多雕塑的抽象性以及良莠不齐和管理不善造成对景观品质的影响也不同，因此在小区雕塑小品营造上应注意以下几点：

a. 小区雕塑内容应具有关注生态，侧重亲情的特点，在很多住宅小区雕塑中表现出了人们相亲相爱、和美生活的意境，给观赏的人们以一种温馨的感觉，提醒人们珍爱生命，保护和平，这类雕塑给人们以美好的祝福，得到居民的喜爱。

b. 小区中雕塑尺度应与周边环境相容，更易于给人以亲近感，例如人物仿真雕塑。

c. 小区雕塑在满足观赏功能同时是否引入可参与性概念，例如活动雕塑和可移动拼拆雕塑小品。

d. 小区雕塑还应注重安全性设计，以及加强管理维修。

5.4　城市滨水景观设计

5.4.1　城市滨水区的概念

城市滨水区指城市中与河流、湖泊、海洋毗邻的土地或建筑。城市滨水区的笼统概念是城市中水域与陆域相连的一定的区域的总称，是相对于乡村滨水区自然状态的滨水而言的。

5.4.2　城市滨水区的性质

城市滨水区有着水陆两大自然生态系统，是城市中理想的生境走廊，表现出自然与人工的交汇融合。

5.4.3　城市滨水区的类型

按土地使用性质分类：滨水商业金融区、滨水文化娱乐区、滨水风景名胜区、滨水住宅区、滨水自然湿地等。

5.4.4　城市滨水区的设计要点

1）设计要点：

（1）注意景观生态的整治与改造，保持原有物种多样性，改善水质，提高人居环境品质。

（2）保证活动的安全性。

（3）将岸线空间与建成的环境融合起来，精心处理开放空间和建筑地区交界的边缘线，岸线设计应适度曲折富有变化。

（4）滨水地区景观应保证对全体市民开放。

2）滨水带设计类型

自然生态型、防洪技术型、城市空间型以及近些年发展起来的旅游公园型，如杭州西湖，防洪功能几乎等于零，而主要是城市空间及旅游的问题，同时也考虑生态的问题。从物质构成来讲，有三大要素：蓝色，偏重于水与天空；绿色，偏重于动植物，有陆地动植物，也有水上动植物；可变色，通常情况是人工性的混凝土，也可以是自然的土地——棕色，或者是表现性很强、适合旅游的景观。现实世界中形形色色的规划设计都是三大元素的有机结合。

滨水带设计需要以下资料：

（1）水利水文资料，包括最高水位、最低水位、防潮水位等等。

（2）防洪墙的技术处理问题。

（3）城市规划方面的资料，主要涉及交通、沿岸建筑、城市管线。绿带与道路是一对矛盾，我们以前往往是沿湖布路，路的这一边放几张椅子，人在面前走，这是很土的一种做法。应该在路与湖之

图5-34　滨水带设计的蓝色设计

间留一条至少1.5m宽的绿带，而这些都与规划有关。沿岸建筑涉及建筑的使用与外观问题。

（4）旅游活动资料，旅游活动不仅设计可变色设计，还应考虑蓝色设计（图5-34），天热了，人往往会往水里跑。

5.5　旅游风景区景观设计

5.5.1　旅游风景区设计概述

1）景观系统

　　景观是指可以引起视觉感受的某种现象，或一定区域内具有特征的景象。旅游景观也称风景资源、景源，风景名胜资源或风景旅游资源。它的本质含义是指能引起审美与欣赏活动。可以作为游览

对象和旅游区开发利用的事物与因素的总称。由于景观形态多种多样，内容极为丰富，将它作为一个系统看待，更有利于对其内涵的把握。对旅游景观系统内涵的准确把握，在很大程度上决定了旅游区景观系统分类的客观性。

2）旅游景观系统概念

　　所谓旅游景观系统，通常是指能引起审美与欣赏活动，可以作为游览对象和旅游区开发利用的事物与因素的总称。然而，并不是大自然的每一部分都可以称为旅游景观。地质学意义上的一片原野或大自然的一角，只是代表地壳的一种客观存在的地质、地貌属性或物象。而旅游景观系统，则是表现一种并非纯属观存在的概念，是将人的感情渗入自然景观的产物，如果离开人的主观意识感受，旅游景观系统的概念也只能看作是地形的同义词。当用空无心境的眼光观看山川河流时，恐怕难以从中看出旅游景观的种种含义。尽管旅游景观系统本身是多种多样和千差万别的，但是，旅游景观系统应该是能够引起美感的"大自然的一角"。

　　自然景观是旅游环境的主要组成部分，多由大自然原赋的客观物象组成，园林中的旅游景观，无论它是以自然为主或摹拟自然为主，也都是橅带人工痕迹的自然山水的策锦。由于景物景点的选择与确定、观赏角度、游赏路线和附加功能等均属主观意志，风景名胜区或园林的客观物象也就撰带了主观性。在这里，客观物象本体由于具有了主观的性质，自然景观也就成为人格化的旅游景观。

3）旅游风景区景观特点

（1）地域性

　　一定自然景观的形成与演变，决定于一定的综合自然地理环境。由于自然景观处在自然界的一定空间位置中，有着特定的形成条件和历史演变过程。自然地理状况对自然典型景观特征的形成，具有决定性的影响。这意味着地理环境在空间分布上

图5-35　旅游景观的差异性和地方特色

的差异性，必然导致旅游景观空间分布的差异，即具有明显的地域性特点，这种地域性集中体现在各个地区的旅游景观具有不同的特色，这就是旅游景观的差异性和地方特色（图5-35）。尤其是具有重要价值的旅游景观有不可替代的地位。旅游景观的特色是产生吸引力的源泉，特色越明显，越具有吸引力。空间分布的差异性，导致景观独特性增强，因此，在对旅游景观的利用和开发中，应尽最大的努力挖掘地域特点，突出特色。地域特点越突出，就越有吸引力。一个地区或一个国家的旅游业是否成功，旅游景观的特色是一个很重要的因素。

旅游景观的地域性还表现在它的位置不可移动，如一座山、一条河、一座古建筑等都不可移

动。旅游者若要领略旅游景观，就必须亲自前往旅游景观所在地。因此，为了旅游者的方便而兴建的各种便利设施也是围绕着旅游景观，即旅游产品也具有不可移动性。

（2）季节性

旅游景观的季节性是由其所在的地理纬度、地势和气候等因素所决定的。季节性有两个方面的表现：其一是自然旅游景观本身具有季节性变化，旅游也就选在最佳的观赏季节。如冰雪旅游只能选在冬季，漂流活动只能选在夏季。春季赏花，秋季赏红叶等等，皆因旅游对象的不同而具有季节性；其二是旅游景观所处环境的季节性，对旅游者的生理产生不同影响，从而导致人们选择生理适宜的季节外出旅游。人文景观本身没有季节性变化，主要是环境的季节性交替导致游客量的季节性变化。

（3）包含性

各类旅游景观在内容上并非是单纯的、独立的，而是相互包含的。如名山是山岳类，属自然景观，但山上亦遗留有很多历史遗址、名人踪迹、古建筑等，属人文景观，二者之间相互包含。包含性使各类旅游景观的内容相互渗透、互为补充、互相烘托，使旅游景观更具有吸引力。

（4）稀缺性

旅游景观的稀缺性，是指景观存在数量的有限性和破坏后不可再生性。作为世界上美好事物的旅游景观，是自然界的造化和人类历史遗存，是在一定条件下存在的。稀缺性旅游景观不同于阳光、空气资源的取之不尽、用之不竭，也不同于土地、草原、森林资源的大量存在。应当说，它是资源世界中的珍品。数量有限，破坏掉就难以再生。例如，象形的石景、古树名木、珍稀动物、历史古迹、园林和标志性建筑等，就是因为其优美造型和数量稀少，破坏了无法恢复，而受到社会珍视和旅游者的青睐。

（5）观赏性

旅游景观同其他景观的区别，在于它的美学特征，即有着观赏价值。具有雄伟、险峻、奇特、秀丽、幽深、开阔的自然风景；都有可能归入旅游景观的范畴。尤其是那些有着意境美和传神美的事物。经过开发，形成景点，都会对旅游者产生较大的吸引力，在旅游市场中有较强的竞争力。例如：泰山的雄伟、华山的险峻、蛾眉的秀美、故宫的壮丽、孔庙的崇高、海底的神奇等，都有其美学特征和文化内涵，成为我国高品位的旅游资源。

（6）多样性和综合性

旅游景观是从自然、社会截取优美的部分，进入旅游开发范畴的资源。自然和社会的构成是复杂多样的。地质地貌、气象气候、陆地和海洋、土壤、植物、动物等要素构成自然界；民族、种族、工业、农业、聚落、宗教、文化等要素组成社会。自然和社会各要素又由若干子要素组成，因而旅游景观以其多样性和综合性为其他资源所不及。这种多样性可以适应于旅游者兴趣的多样性。一个旅游区旅游景观种类多，对旅游者会有着更强的吸引力。

受地理环境的制约，多样性的旅游景观在组合上，构成互为依存。相互作用和相互影响的综合体。一个地区旅游景观种类越多，组合的越紧密，整体景观效果就越突出，开发和利用潜力就越大。例如，桂林山水、杭州西湖和北京名胜就以旅游景观种类多、综合特征突出，成为我国著名的旅游城市。

4）旅游风景区景观类型

（1）山石景观

山石景观由山景和石景组成。一般来说，山是大尺度地貌，而石多是中小尺度地貌。山是自然风景的构架，山石景观是指旅游地中地质资材的物质形式，它是旅游地自然景观的重要组成部分（如图5-36）。地球的固体地壳是由许多具有大小和形态的三度空间岩石及矿床的实体所构成。这种实体在

图5-36　云南省昆明市内石林

地学上称为地质体（Geologcal Body）。由于这些地质体拥有各自独特的三维空间格局及造型功能，所以它们在观赏及科学研究上产生了某些吸引力。这些实体包括成层状的地层、不同形态的火成岩体、各种性质的沉积物、各种类型的矿床等。如独特壮观的地质构造，体现地质剖面的神秘。体现地球本身及大自然鬼斧神工的火山、地震遗迹，五光十色的岸石矿物，以及以地质体为骨架和基础的，如石峰、石柱、石墩、岩壁等各种地貌等。我们把岩石圈内的各种奇景异象称为地质类自然景观，把岩石圈表面的各种形态称为地貌类自然景观。把介于两言之间，存在于地表下一定深度内的岩石与地层中的景象称为洞穴类景观。所以，我们把具有观赏价值和科学考察价值的，由地质体（构造、岩性、地层、矿床等）形成的地质类自然景观、地貌类自然景观和洞穴类景观三大类景物统称为山石景观系统，它是一个地区景观总特征的基础，构成了这一旅游地区主要自然景观的基本特征。

（2）水域景观

在地球形成与演化历史进程中，在大气圈与岩石圈之间形成了一个包裹地球表层的水圈，包括海洋、河流、湖泊、沼泽和地下水。由于水圈与大气圈、生物圈、岩石圈上层的紧密联系，相互渗透，在太阳热辐射及其物理作用下，不停地进行着水的循环运动，从而引起许多表生地质作用，形成景色

各异，连绵不断运动着的各种水景观，从而构成一系列价值极大的水域景观资源。随着春夏秋冬、朝夕阴暗等季节与天气的变换，水呈现固态、液态、气态三态的变化，从而形成不同形态的水体，不同形状与状态的水体又给人以不同的感受。其中海洋、河流、湖泊、溪流、瀑布、泉水等构成种类众多的天然水域景观。

（3）生物景观

生物包括动物、植物和微生物。一般认为地球上的生物在20~25亿年前已开始出现，它们在漫长的地质历史演化过程中，由简单到复杂，由低级到高级，由海洋到陆地，以至占领海洋、陆地和低层大气的每个角落，形成生物链。任何一个地理景观或任何一个旅游区，生物是最引人注目的。因此，生物尤其是各类植物，是旅游自然景观资源中最活跃的要素。生物景观与其他各类自然景观资源和人文景观资源一起，能形成独特的地域性极强的游览景区。生物景观资源可划分为植物和动物两大类，可以分为森林公园、自然保护区、植物园、花卉园、特殊动物群落、野生动物自然保护区、动物园等。

（4）天象与气候景观

大气圈最下部的对流层厚度随纬度、季节、地形等条件而异，形成地球各地的气象气候景观。我们把"大气中发生的各种物理现象或物理过程形成的景观称为气象景观。"由于地球表面各处受太阳辐射能、x射线和紫外线的不同影响造成大气温度、密度、压力等差异，形成上升下降的对流和大气环流，引起冷、热、干、湿、风、云、雨、雪、霜、雾、雷、闪等气象与气候过程的发生。形成地球各地景观及其功能各异的气象气候景观。地球大气是由多种气体组成的混合物，还有包含在空气中的水汽和固体杂质。地球大气中干洁空气的主体部分的主要成分是氮和氢，两者共占干洁空气的99%以上。目前由于人类大规模的生产活动和城市人口的不断集中，空气的污染已日趋严重。因此，大自然

中洁净的空气与环境也成了重要的景观资源。天象与气候景观由气象、气候与各类洁净的空气环境三部分构成，主要包括极光、浮光、画景、云雾、烟雨、云霞、气候、白夜、洁净的空气等。天象与气候景观既能够提供旅游者乐于生活的条件，还会因自然条件的改变产生动景、变景和朦胧景，给人以虚幻缥缈、变化莫测之感。

（5）宗教文化及其工程遗址景观

宗教虽然是一种崇拜超自然的神灵的社会意识形态，但它创造的文化却体现着人类的文明，表现了民族文化的特点，是一个国家民族文化历史景观的重要组成部分。由于世界各地的政治、经济、文化的差异。宗教活动及其文化景观的形态和发展均具有明显的地域性。宗教的物质文化成果一般包括建筑、雕塑、绘画、音乐等内容，宗教文化成果的最大方面莫过于宗教建筑。我国佛教文化景观的三大建筑：寺庙、石窟和古塔，就是其突出代表。宗教建筑一般都具有因地制宜，人工美与自然美相结合的特点。无论是教址名山的选地，还是石窟、寺庙、佛像、佛庙的选址、布局、造型、用材，都能巧妙地利用自然形式，形成强烈的宗教气氛，并有利于它们长期保存。所以，宗教文化是一种重要的人文景观。宗教作为一种社会文化现象，其建筑、雕塑、壁画等对于宗教的神秘感也吸引那些没有宗教信仰的旅游者。宗教建筑同时也是利用天然材料，融合宗教教义，经人工修建而成的具有一定容量的地物，它反映着时代风俗和宗教文化的特点。宗教文化的地域性和派别教义等内容，对旅游而言具有特殊的神秘吸引力，常常成为旅游区的活动中心，受到旅游界的重视。

工程遗址是指人类物质文明活动的遗留物。我国历代遗存的长城、城池、水利工程、大型桥梁和海塘等古代建筑工程。不仅是我国历史文化的精粹代表，而且是旅游景观系统的重要组成部分。由于古代工程遗址善于利用环境适应自然，把建筑工程与周围地物组成完整的统一的景观实体。根据山川

定向，形态特征因地制宜地确定工程的位置、体量、结构、色调等，使工程构筑物成为自然境域内的一种和谐景物，这些古代工程遗址对改造自然环境，发展区域经济、地区交通以及政治、文化交流曾都起过巨大的作用。因此，这些古代工程遗址的特点，对于今天生活在现代社会中的人们仍具有极大的吸引力，具有极高的旅游价值。

宗教文化物质成果及其工程遗址景观反映了历史时代、区域文化和历史事件，可供人观览、瞻仰和凭吊。旅游活动是一种文化活动，也是获得知识、欣赏艺术和领悟哲理的一种特殊的社会空间环境。因此，保存完好、历史意义深远的宗教文化物质成果及其工程遗址景观，对旅游还有特殊的吸引力，宗教文化及其工程遗址景观一般还包括古人类活动遗址、古陵墓、城池等内容。

（6）民俗风物

民俗风物反映了各民族独特的传统生活习惯和生活物品特色（如图5-37）。这种传统是各族人民在特定的自然和历史条件下，相沿积久而形成的风尚、习俗。具体体现在衣着、居住、饮食、娱乐、节庆、礼仪、婚恋、丧葬、生产、交通、村落等方面所特有的喜好、风尚、传统和禁忌等方面。事实上任何一种民俗文化，在不同国家、不同地区、不同民族，甚至一个民族的各个支系之间又有着明显的差异，形成了民俗文化表现形式的复杂多样性，民俗作为人们生活方式的直接反映。民俗风物隐含更深丰富的象征意义。

图5-37　云南省西双版纳的泼水节

无论是在日常的衣食住用，还是特定的时间场合举行的婚丧嫁娶以及节日庆典活动，都呈现出极其明显的象征性。

（7）城乡风光景观

一个国家或地区的城乡建设成就，经济发展成就主要集中体现于城市发展中。产业旅游是近几年在我国发展轻快的经济增长点。随着人们旅游次数的增多、眼界的开阔、知识的增加和兴趣的转移，他们已经不满足于过去那些传统的旅游方式和传统的旅游景观资源。而去寻找一些新奇的旅游方式和旅游地点。产业旅游就是这一背景下的一种选择。这一现象已经越来越引起人们的注意，产业经营者都纷纷把目光投向产业旅游，以期从中获得各自想要的利益，这里常常成为旅游者的集散地和逗留中心。

5）旅游风景区环境质量

旅游区环境质量对游览或游憩体验有着直接的影响。这些影响通常包括两方面的意义：一是物理环境质量对旅游活动的影响；二是对形成良好印象的影响。光环境、声环境、热环境，以及温度、湿度等因素直接影响着旅游环境的物理质量，因而是衡量旅游区环境质量的客观指标。国家有关部门根据旅游产品的类型制定了一系列环境质量控制标准，这些标准是评价和划分旅游区等级的依据之一。形成良好环境印象的因素不仅取决于物理环境质量，而且源于对旅游经历和体验产生的相关因素的影响，这些影响主要包括视觉景观、人文景观特征和建筑环境等因素。环境质量的优劣对旅游资源的持续利用有极大影响，是旅游区景观设计研究的重要内容。

影响旅游区物理环境质量的主要因素具体包括：绿地率、大气质量、与人体接触和非接触的娱乐水体、饮用水水质、环境噪声、公共场所卫生质量等因素。物理环境质量标准，按《旅游规划通则》的分类方法，旅游区的类型可划分为：观光型包括自然景观、人文景观（如名胜古迹、城市娱乐等）；度假型：包括森林型、山地型、草原型、温泉型、滑雪型、海滨型、河湖型度假等；专项型：包括体育、探险、游船、科学考察等旅游。

（1）温度、湿度环境

温度和湿度是影响人体舒适度的重要因素。海洋覆盖了大于2／3的地球表面，大气中大部分的潮湿是海洋蒸发的结果。湿度是由空气中的湿气引起的，人体舒适度、建筑物中的冷凝、天气状况和水都取决于地方天气状况。因此，在任何特定地点的旅游区，自然湿度的潮湿含量产生的影响是不可忽视的。

空气中水蒸气的最大重量比例大概是5％，空气中湿度的供应重量比例虽小，然而环境的重要质量都取决于湿度。而且空气中的潮湿含量也影响了材料的耐久力、材料的烘干。科学证明，取值范围40％~70％的相对湿度是舒适环境的理想湿度。因此，通过水量调节和植物呼吸作用，使旅游区的相对湿度努力保持在这个相对湿度范围内。

热和各种各样的热属性是评价人工建成环境、性能和人体舒适程度的一项重要因素。"热环境是由空气温度、空气湿度、热辐射和气流速度四个参数综合而成，它们共同构成影响人体冷热感觉的周围环境。"高温度和高湿度都会让人感觉不舒服，并且通过排汗的自然冷却也会减少。高湿度和低温度会引起空气的骤然冷却，低湿度可以引起喉咙和皮肤干燥，静电在低温度下也可以积累。太阳提供的热辐射是旅游环境热增量的主要来源，热增量与该旅游区的地理纬度、季节、当地云层状况、太阳与竖向建筑物、构筑物间的夹角以及建筑物、构筑物材料的吸收或反辐射性质等因素有关。由于物体在损失热量的同时也在获取热量，因而旅游区的环境配置会对区内温度产生较大影响。考虑到上述因素，北方地区的旅游区冬季要从保暖的角度考虑硬质景观设计；南方地区的旅游区夏季要从降温的角度考虑软质景观设计。

（2）光环境

人类对事物的感受首先是基于生理机能意义上的感受。电磁波中被称为光的一部分，对于人类观察事物方面非常重要，因为它刺激着我们眼睛的感觉，或者说视觉。观赏是当光到达人眼时，在人的大脑中所引起的感觉。眼睛最初先以一种光学的方法对待光，与照相机成像的方法一样，生成一张物理图像，然后这张图像被人的大脑以心理和生理的方法解释。

视觉对旅游者的游憩活动和旅游感受起着很主要的作用。我们用眼睛去感知旅游环境，游览四处并且完成我们的游览活动。但是，能否清楚地识别景物，却与几个条件有关：①物体的明亮程度及其与背景的亮度对比；②物体的颜色和色彩对比以及光的颜色；③物体的大小和视距的视角大小。也就是说，景物的识别与视觉、光源、光的控制等因素有关。

视觉包括看到光的明暗和物体的形状、颜色、动态、远近、深浅的所有知觉。视觉不仅依靠光对神经系统的刺激，而且很大程度上依赖于从以前经验中了解到的事物图像的解释、分析和判断，最后形成视觉。这样，光刺激从眼睛到大脑形成神经脉冲信号。使在大脑中引起了生理变化，最后作为视觉行为表现出来，形成视觉系统。因此，从引起视觉的刺激来看，光起着很重要的作用。视觉是旅游者感受旅游环境最重要的一种感受，无论在光环境中或在视觉环境中都要考虑光与视觉的关系。

自然条件下的旅游区光源主要是天然光源。天然光源是利用天然光来采光的光源。它大致分为两类：直射日光和天空光。这两者在光源的大小、移动性、光强、颜色等方面均不相同。而且天空光是由自然确定的，不能由人工来确定。此外，室外地面或邻近建筑物的墙面反射光，也是天空光引起的间接光源。

天然光的控制是指运用逆光、折光、反光，控光、滤光等光的处理措施方法。这些天然光的控制所创造的氛围能够唤起游人的一系列心理反应，诸如明快、开敞、神秘、幽暗、豪华、雅致等反应。天然光的控制也作为环境主观评价的依据之一。

　　光环境的创造是以草案设计为基础、互相结合进行的过程。光环境设计离不开具体场地的使用要求和旅游活动类型，因此其设计内容可以考虑以下项目：明确视觉类别、游憩要求及环境影响；综合考虑景物的位置、形式、大小、构造、材料，保证空间、表面、色彩效果；采取避免眩光、遮光、控光、增加辅助照明等措施；运用光的处理措施、营造天然光的环境氛围。

　　（3）声环境

　　声音是能对我们的耳朵和大脑产生影响的一种气压变化。这种变化将天然或人为振动源（比如刮风或说话）的能量传递出去，这里的声环境指的是声音能对我们的耳朵产生的影响。对旅游环境产生影响的主要是噪声，噪声令人生厌，使人的情绪烦躁不安、容易发怒，而且干扰旅游兴致。旅游区的噪声可能来源于交通运输以及过高的休闲娱乐声。这些噪声在80db以下，一般没有生理危害，但对附近需要安静的场所有较大影响，影响静观、交谈和其他旅游活动。听觉的有效距离范围比较大，大约在35m的距离，建立一种问答式的对话关系没有问题，但已经不可能进行正常的交谈。"当背景噪声超过60db左右，几乎不可能进行正常的交谈。如果人们要听到别人的高声细语、脚步声、歌声等完整的社会场景要素，噪声水平就必须降到45~50db。"基于这些原因，旅游区内环境噪声质量除执行上述标准外，城市社区的白天噪声允许值宜不大于45dB，夜间噪声允许值宜不大于40db。能感觉到的噪声的评估是避免听力损伤、创建舒适旅游环境的重要途径。因此，靠近噪声污染源的地方应通过设置隔音场、人工筑坡、植物种植、水景造型、建筑屏障等进行防噪。在旅游区景观设计中，宜考虑用优美轻快的背景音乐来增强游憩体验的乐趣。

　　（4）小气候环境

　　气候对所有的人类活动都会产生直接或间接的影响，就像它对一个地区的岩石、土壤、植被和水资源的影响一样。气候又与一个地区的传统社会特征密切相关，比如说当地植物的类型、人们的户外活动方式以及住房。即使是在没有什么传统的地区，气候仍然会影响其农业、环境和人们的休闲活动、运输等生活的方方面面。一个地区的基本气候经常与某些因素密切相关：地理纬度、水的影响、季节、大气循环、海拔高度与地形。

　　一个地区除了受基本气候特征影响外，还受小气候的影响。一个旅游区的小气候可能是由于周围地形地貌差异所引起的，如山地、峡谷、斜坡、溪流或者其他一些特征，这些差异能造成地表热力性质的不均匀性，往往形成局部气流，其水平范围一般在几公里至几十公里。局部气流在旅游区小范围引起空气、湿度、气压、风向、风速、湍流的变化，从而对表面以上的气候产生显著影响。另外，建筑物、构筑物本身也会对深一层的小气候造成影响。例如通过在地面产生的阴影，使地表干燥以及限制风的流动等等。经过改良的小气候会产生如下几种类型的好处：减少夏季的过热；增加建筑材料的寿命；良好的户外娱乐环境；植物和树木更好地生长；增加游客的满意度。

　　（5）嗅觉环境

　　嗅觉只能在非常有限的范围内感知到不同的气味。只有小于1m的距离，才能闻到从别人头发、皮肤和衣服上散发出来的较弱气味。香水或者别的较浓的气味可以在2~3m远处感觉到，超过这一距离，人就只能嗅到很浓烈的气味。因此，游憩场地中，应引进芳香类植物，排斥散发异味、臭味和引起过敏、感冒的植物。

6）旅游风景区通路与游憩场所

　　通路作为旅游区空间结构的骨架，以出入口为起点，将区内各游憩活动场所、主要建筑物及各个空间作线形连接，这便是最简单的通路特性。

一般说来，主路构成连接主要游憩场所之间的交通线路，具有承担客运、货运、通勤等各种功能。支路是主路的分支路，在规模较大的旅游区中起到分担主路功能的作用。小路具有休闲散步、赏景游玩、登高望远等功能。假如有哪一个游憩场所脱离了通路而独立存在，那一定是不得已而为之。通路的作用就是保证场所之间的联系，它以"连接性"为特点。

通路不仅仅只是支撑和维持游憩场所的存在，而且也要受到游憩场所时间的关系制约。游憩场所内部也因旅游吸引力的差异具有等级之分，这种场所间的差异使连接这些场所的通路带有轴向性和方向性。使之产生"前往与返回"等概念。有时，通路的轴向性和方向性还受到游憩场所的中心性或重要性的制约，从而使连接场所之间的通路产生"主路"、"支路"、"大街与小巷"的区别。并以此来适应各自场所环境的要求。无论通路连接的是大型广场还是一块小场地，通路无疑都受到游憩场所特性的制约。也就是说，必然会根据游憩场所的特性，形成诸如主路、小径那样，形式各异、不同层次的园路。在重要的游憩场所之间开设主要的通路，而在通路两端又会出现相应的新场所。场所需要通路，而通路又会使场所焕发出新的活力。这就是两者相互依存关系带来的良性关联作用。旅游区的空间组织在这种不断延伸中也变得更加丰富。因此，设计通路时，"连接性"往往被视为通路的重要原则。

与城市道路略有不同。旅游区中的通路是为了满足游览观景、开展各种游走活动的需要，除了便利实用外，通路应考虑旅游空间的区划要求。通路不仅是道路交通设施的组成部分，也构成其旅游单元的空间骨架。在多数情况下，通路将旅游单元区划为若干旅游点，旅游点往往沿通路动线布局。这意味着，通路的设计实质上是游览活动向导线设计的基础。

道路的分级和布局受景象特征和游赏方式的影响。一般而言，游人的游赏方式与景象特征是相适应的，游人面对不同的景象特征，因体力和游兴的原因，在行为上表现出不同的游赏方式。可以是静赏、动观、跋山、涉水、探洞，也可能是步行、乘车、坐船、骑马，这些游赏方式在时间上体现为不同的速度进程。上述因素影响着道路的级别、类型、长度、容量和空间层次，序列结构，道路的特点差异和多种游憩场所的穿插衔接关系，以及道路交通设施配置等请问题。道路的分级和布局实质上是景象空间展示、速度进程、景观类型转换综合构想的体现方式。

7）旅游风景区交通方式、交通组织与路网布局

通行功能是旅游区各类通路的基本功能。旅游者的游览与区内交通方式的选择，直接影响着旅游区各类各级通路的布局和连接形式。虽然受经济发展水平、生活习惯、自然条件、年龄和收入等因素的影响，不同地区、不同年龄和不同阶层的旅游者所选择的交通方式有不同的特征，但仍然有其一般性规律。

（1）旅游区交通方式

旅游区交通方式按采用的交通工具分为机动车交通、非机动车交通和步行交通三种。

在各种旅游交通方式中，采用什么样的位移方式较为恰当，可根据准确性、经济性、及时性、灵活性、舒适性，方便性、快捷性等因素来判断。

在众多因素中，影响旅游者选择交通方式的基本因素是交通距离。影响交通距离与交通方式的相关因素有体能、交通时间和交通费用三项。一般情况下，不同的旅游者选择交通方式时考虑的因素是不同的。对老年人、儿童和青少年来说，选择交通方式时，体能是主要考虑的因素；对低收入者来说，费用是其选择交通方式的主要方面；对高收入者来说，时间可能对他来说是最重要的。但是，在绝大部分情况下，在比较短距离内（一般为

500~1000m ），步行是大部分旅游者愿意选择的交通方式，因为其方便游览、体力能够承受，而且不产生任何费用。对距离较长的游览（一般在7km以内），应该采用机动车作为交通工具。在1~7km的范围内，小型游览车交通将是大部分旅游者的主要交通方式，因为其方便，而且仅发生极小的临时性费用。对老年人、儿童，他们的游览可能仍然采用机动车作为交通工具。

（2）区内交通特征与类型

旅游区交通设施包括区内自身需要的，为通达至游憩场地、各类游览设施和可以活动的绿地的通路，为旅游者游览服务的非机动车和机动车停车设施。以及对外、内部交通通信与独立的基础工程用地。从交通的类型上分析，主要包括游人为满足购物、娱乐、休闲、交往等和其他游憩活动需要而发生的游览性交通，垃圾清运、货物运送等内容的服务性交通，以及消防、救护等的应急性交通。后两项交通均为机动车交通，发生者不是旅游者本身。其中服务性交通有必要性、定时和定量的特征，应急性交通则有必要性和偶然性特征。这两类交通应该在满足其基本通行要求的前提下，应安全并最大限度地避免对游人游憩活动的干扰。游览性交通均为旅游者自身发生的交通，一般情况下，符合上面关于交通方式选择的分析，对这类交通应最大限度地满足安全、便捷和舒适的要求。

（3）区内交通组织与路网布局

旅游区交通组织的方式和路网布局的形式有人车分行和人车混行两种。

①人车分行

建立"人车分行"的交通组织体系的目的在于保证旅游环境的独立性和安全。人车分行方式使旅游区各项游憩活动能正常进行，避免区内大量机动车对游憩活动质量的影响，如交通安全、噪声、空气污染等。基于这样的一种交通目标，在旅游区的路网布局方面应遵循以下原则：

a. 进入旅游区后步行道与汽车通路在空间上分离，设置步行道与车行道两个独立的路网系统。

b. 车行路应分级明确，可采取围绕旅游区或场地群落布置的方式，并以"T"状尽端路或环状尽端路的形式延伸到游憩场地出入口。

c. 在车行路周围或尽端，应设置适当数量的停车位，在尽端型车行道路的尽端应设置回车场地。

d. 步行路应尽量在景区内部。将绿地、活动场地、公共服务设施串联起来，并延伸到游憩活动场地的入口。

人车分行的路网布局一般要求步行路网与车行路网在空间上不能重叠，在无法避免时可以采用局部交叉的工程措施。在有条件的情况下，可以采取车行道整体下挖并覆土，应营造人工地形，建立完全分离、相互完全没有干扰的交通路网系统。也可以采用步行路网整体高架、建立两层以上的步行路网系统的办法来到达人车分行的目的。虽然人车分行路网布局要求步行路网与车行路网不重叠，但允许两者在局部位置交叉，此时如条件许可应该采用立交，特别在行人流量较大的地段。

人车分行的交通组织与路网布局在环境保障方面有明显的效果，但在采用时必须充分考虑经济性和它的适用条件，因为它是一种针对旅游区内存在较大量机动车交通通行的情况而采取的交通组织方式。

②人车混行

在许多情况下。特别是在旅游区，人车混行的交通组织方式与路网布局有其独特的优点。

人车混行的交通组织方式是指机动车交通和人行交通共同使用一套路网，具体地说，就是机动车和行人在同一道路断面中通行。这种交通方式在交通量不大的旅游区，既方便又经济，是一种被普遍采用的交通组织方式。人车混行交通组织方式下的人车混行区路网布局要求道路分级明确，应贯穿于人车混行区内部，主要路网一般采用互通型的布局形式。

旅游区交通组织考虑的因素包括合理处理人与车、机动车与非机动车、小型游览车与大型游览车，区内交通与外部交通、静态与动态交通之间的关系。

使游人出行安全、便捷。在具体路网布局中，如何处理安全与便利的关系。应综合考虑人车混行、区内规模、游人愿意选择的交通方式以及场地环境等因素。在规模不太大的旅游区，不必刻意强调人车完全分行。当然，随着生活水平的提高和对环境要求的提高，特别在游人集中空间和群落空间中，完全的人车混行方式将不能适应旅游活动发展需要。根据自然条件和旅游需要，人车分行与人车混行结合的交通组织方式及路网布局形式更加运用。

旅游区路网布局应在区内交通组织规划的基础上，采取适合相应交通组织方式的路网形式，并应遵循如下原则：

a. 通畅而不穿行，保持区内场地的完整与通畅。区内的路网布局包括出入口的位置和数量。出入口应与游览交通的主要流向一致，避免产生逆向交通流，应该防止不必要的交通穿行，如旅游目的地不在游憩场地之内的交通穿行和误行。应该使游人出行能便捷而安全地抵达目的地。

b. 分级布置。逐级衔接。应根据通路所在位置、空间性质和服务人口，确定其性质、等级、宽度和断面形式。不同等级的通路应该归属于相应的空间层次内不同等级的通路，特别是机动车道应尽可能地逐级衔接。旅游区沿城市道路部分的地面标高应与该道路路面标高相适应，并采取措施，避免地面径流冲刷、污染城市道路和旅游区绿地。

c. 因地制宜，布局合理。应该根据旅游区内不同的基地形状、地形，规模。旅游需求和游人的行为轨迹合理地布局路网、道路用地比例和各类通路的宽度与断面形式。

d. 空间结构整合化。各级通路是构建旅游区内功能与形态的骨架。区内交通应该将游憩场地、服务设施、公共设施等内外设施联系为一个整体构筑方便、丰富和整体的区内交通、空间及景观网络，并使其成为所在地区或城市交通的有机组成部分。

景区沿城市道路、水系部分的景观应与该地段城市风貌相协调。

e. 避免影响地区或城市交通。应该考虑旅游区内交通对周边地区和城市交通可能产生的不利影响。避免在城市主要交通干道上设置出入口或控制出入口的数量及位置，并避免出入口靠近道路交叉口设置。条件不允许时，必须设置通道使主要出入口与城市道路衔接。沿城市主，次干道的市、区级旅游区主要出入口的位置，必须与城市交通和游人走向、流量相适应，并根据规划和交通的需要设置游人集散广场。

8）旅游风景区道路类型、分级与宽度

（1）道路类型

道路是一条带状的三维空间的实体，它由路基，路面、桥梁，涵洞、隧道和沿线辅助设施所组成。旅游区中的道路是贯穿全区的交通网络，是联系若干个旅游单元和旅游点的纽带，是组成旅游区景观的要素，并为游人提供活动和休息的场所。根据区内交通组织的要求，旅游区的通路有步行路和车行路两种类型。在人车分行的路网中，车行路以机动车交通为主，兼有非机动车交通和少量步行交通，步行路则兼有步行交通和步行休闲功能，并可兼为非机动车服务。在人车混行的路网中，车行路共有机动车。非机动车和步行三种交通形式，也同时有专门的步行路系统，但一般主要是用于休闲功能。道路的走向对旅游区内的通信、光照、环境保护也有一定的影响。因此，无论从实用功能上还是从美观方面，均对道路的设计提出一定的要求。

（2）分级、宽度

旅游景区或公园的道路也称为园路，按其使用功能可以划分为主路、支路和小路三个等级。各级园路以总体设计为依据，确定路宽、平曲线和竖曲线的线形以及路面结构。

①主路

联系旅游景区主要出入口、旅游景区各功能

分区、主要建筑物和主要广场，是全区道路系统的骨架，是游览的主要线路。多呈环形布置。其宽度视旅游景区的性质和游人容量而定，一般为3.5~6.0m。

②支路

支路作为主路的分支路，宽度根据旅游区规模和人车流量而定。规模较大的旅游区内，道路宽度可以达到3.5~5.0m；规模较小的旅游景区内，其宽度为1.2~2.0m；一般为2.0~3.5m。

③小路

小路是各旅游单元内连接各个旅游点，深入各个角落的游览道路，一般为0.9~2.0m，有些游览小路其宽度为0.6~1.0m。

（3）道路线型与断面形式

道路的线型包括平面线型和纵断面线型。线型设计是否合理旅游区景观序列的组合与表现，也直接影响道路的交通和排水功能，其应符合下列规定：

①地形、水体、植物、建筑物、铺装场地及其他设施结合构图；

②创造连续展示景观的空间或欣赏前方景物的透视线；

③道路的转折、衔接通顺，符合游人的行为规律；

④通往孤岛，山顶等卡口的路段，宜设通行复线，必须沿原路返回的，宜适当放宽路面；

⑤应根据路段行程及通行难易程度，适当设置供游人短暂休息的场所及护栏设施。

5.5.2 旅游风景区景观规划设计内容、特点及实例

风景区景观规划，是保护培育、开发利用和经营管理风景区，并发挥其多种功能作用的统筹部署和具体安排。与城市规划不同，风景区规划更侧重于山体、植被、水体、交通等因素的考虑。风景区规划的目的是实现风景优美、设施方便、社会文

明，并突出其独特的景观形象、游憩魅力和生态环境，促使风景区适度、稳定、协调和可持续发展。经相应的人民政府审查批准后的风景区规划，具有法律权威，必须严格执行。

1）旅游风景区景观规划设计内容

（1）综合分析评价现状，提出景源评价报告；

（2）确定规划设计依据、指导思想、规划设计原则、风景区性质与发展目标、划定风景区范围及其外围保护地带；

（3）确定风景区的分区、结构、布局等基本构架，分析生态调控要点，提出游人容量、人口规模及其分区控制；

（4）制定风景区的保护、保存或培育规划设计；

（5）制定风景游览欣赏和典型景观规划设计；

（6）制定旅游服务设施和基础工程规划设计；

（7）制定居民社会管理和经济发展引导规划设计；

（8）制定土地利用协调规划设计；

（9）提出分期发展规划设计和实施规划设计的配套措施。

2）旅游风景区规划设计特点

突出地域特征，调控动态发展，重在综合协调，贵在整体优化

3）旅游风景区规划具体实例

在风景区规划设计过程中，需注意地形、植被与水体的保护，避免使规划的过程成为破坏的过程。例如，游览道路的随意铺设，修建旅游设施对地形地貌的破坏，游览路线不合理，造成游人对植被的踩踏，外来物种引入破坏生态平衡，水体的污染等。此外，开发造成的光污染、声污染等也会造成野生动物生境的退化。总之，自然风景区的开发与保护应是同时进行的，不应厚此薄彼。美国的州立及国家公园运动起源于19世纪下半叶，主要是

通过弗雷德里克·劳·奥姆斯特德的影响而发展起来。筹建国家公园的目的是要保留一批从未遭受破坏的自然景观。美国第一个国家公园——黄石国家公园，是1972年对外开放的。世界上最原始的国家公园——黄石国家公园（Yellowstone）地处美国西部北落基山和中落基山之间的熔岩高原上，绝大部分在怀俄明州的西北部。海拔2134～2438m，面积8956km^2，公园保护了园内的树木、矿石的沉积物、保存了秀美的自然奇观和风景。黄石国家公园的建立也为如何保护美丽的自然环境独特的自然地域提供了范例。纽约琼斯海滩，1929年为长岛州委会而安排的地点，现在可以接纳成千上万的来客和车辆，而这些车辆、人流则成了琼斯海滩天然的陈设。

5.5.3　旅游风景区设施设计

旅游设施设计分为八大类型：旅行、游览、饮食、住宿、购物、娱乐、保健和其他种类。在本书5.2中，公共设施景观设计中以重点讲解，但值得注意的是在设计旅游区设施时要运用地方特色、地方历史、因地制宜地设置符合旅游区当地特色的设施，方为设计之妙。

5.6　商业步行街区景观设计

5.6.1　商业步行街区发展概述

在城市建设与发展过程中，商业步行街构筑了城市商业的中心，形成城市社会生活不可缺少的、集中消费的区域。它是聚集衣、食、住、行、玩等多功能的商业服务区域。同时商业街区由于店铺众多，带来了人流密度、交通流量的增大。因此，城市商业地区的交通组织，便成为一个影响区域经济发展状况的重要问题。最为常用的解决方式就是分片区营建商业步行街。可以说现代步行街的发展经

历了"仅仅吸引顾客——对步行者的关怀——成为社会活动中心"3个发展阶段，它使人们的行为方式更加丰富，在轻松的环境气氛中享受人与人交往之间的乐趣；加强了人们的地域认同性，成为城市的社会活动中心。商业步行街作为城市的名片，它不仅是步行活动和商业活动的统一体，也是人们交流、休闲和娱乐的中心场所，更是展现城市景观、商业文化，表达城市精神、社会文化的重要窗口。它的规划和建设已成为完善城市职能，塑造城市形象的重要手段。

5.6.2　商业步行街区景观设计的内容和分类

1）商业步行街区景观设计的内容

商业步行街区景观设计是指对街道、建筑立面、各种商业店面、摊位、绿化植物、灯箱招牌、公共设施、公共艺术品、水景等视觉景象进行形式处理和功能优化，使之形成具有良好观赏效果与多种功能作用的街区风景。它包括街道地面铺装、建筑立面形态与色彩、各种商业店面形象、固定或移动的摊点形式、绿化方式和植物选种、广告路牌的控制要求、各种公共设施的形象设计、公共艺术品设计、水体景观设计以及市政要求与景观环境相配套的管网设计等要素组成。同时商业步行街的兴建必须根据建设环境内的区域经济条件，交通条件、消费状况、人居数量、人文背景、传统习俗、文脉遗址等基本因素，来决定其建设的规模和街区的形式风格。

2）商业步行街区景观设计的分类

商业步行街的类别、规模、形式各有不同，这取决于不同规模城市的各种不同条件与需求因素。从街区格局的类别而言有开敞式、封闭式和半街式；从规模分类，有单街型和多街型组成的街区型；从城市地理状况分类，有平地街区、坡地街区、夹河街区、滨江街区、环湖街区等；从街区形式风貌上分类，有传统历史街区、现代商业街区、

民俗风情街区、主题观光休闲街区等。这些不同的商业步行街区由于其规模、内容、功能、形式以及针对的消费群体各不相同，因此街区景观环境设计所侧重的方向也各不相同，从而形成各具特色的街区景观。

（1）从街区格局上分类

①开敞式：是指主街步行道上交通路口节点较多，各路口连接其他道路，只在进入步行道口处设置活动挡车设施。这类街区人流出入相对分散，进出便捷，不易造成拥堵，是许多城市街区改造所采用的方法。

②封闭式：是指步道两旁由建筑和商铺封闭形成，人流、货流出入口较少，通常在街道的前后两端，高峰时易出现行进不畅，造成拥堵，但商业环境相对集中，凝聚旺盛的人气，利于经营，易于管理，街区景观形式便于统一。这类商业步行街往往是在传统街区的基础上进行维修、改造、扩建而形成，街区整体风貌和格局仍延续历史痕迹，使之成为彰显城市历史文脉的风景。

③半街式：是指街区在特殊的地貌环境下，形成的一路一边房的格局，这类街区通常形成于滨江或滨湖的场地环境中，伴水而居，逐水而行，既有开阔的视野、优美的环境，又有较为宽裕的岸畔空地，并可利用水路条件解决部分货物运输和休闲游玩的作用。半街式街区是中国南方城市中常见的一种传统街区形式，也是由水运集散码头逐渐演变成繁华的传统商业街区的典型形式。

（2）从街区规模上分类

①单街型：由街区单街道路形成，受地域经济条件和地形条件制约。传统的商业街通常是单街形式，它具有购物、观光流向单纯、不受其他环境影响、聚集经营氛围等优势，是商业步行街最为常用的一种形式。

②多街型：一般在经济发达的地区或大型城市集中的商业区内产生，它是由多条不同经营业态的商业街组成的繁华区域。具有经营内容丰富、街道

之间交通便达、区域面积较大、市政建设完善、人流量大等特征。通常各个街道的终点流向是环境中最重要的街区广场，广场成为整个街区的人流集散地和交通枢纽，由于业态内容丰富，街区景观形式也呈多样化，是城市中活动人口密度最大，最聚人气的地方。

（3）从城市地理状况上分类

①平地街区：是平原城市典型的街区形式。它具有交通便捷、路口节点较多、流向畅达、不受特殊地形限制的优势，是常见的步行街区的格局，有开敞式街区共同的特征。

②坡地街区：因地形而形成。是指山地城市典型的街区形式，由于地形的局限，街区道路起伏蜿蜒，变化有趣，路旁建筑因山势变化而变化，具有封闭式和半街式街区形式的特征。

③滨江与环湖街区：是指步道与商铺沿江或沿湖而建，在使用功能上与夹河街区有相同的作用，但在街区格局上有所不同。由于江面与湖面较宽，两岸距离较远，不易形成统一街区，通常是半街型街区格局。滨江与环湖街区的街道受地形环境的影响而形成蜿蜒起伏的变化，并在缓坡地段可建宽敞的活动空地，具有良好的功能作用和景观价值。

④夹河街区：是一种特殊的街区形式，指街道与建筑是沿河道两岸修建，河上由小桥连接，两岸街道相互沟通，河道既是交通运输的要道，又是特殊的街区景观。在中国长江中下游地区，由于水资源丰富，河道密布，有许多城市的商业街区都是沿河而建，极大的便捷了当地的商贸活动，因受河道分布的限制，这类街区通常是单街型，是水路和陆路两用的街区形式。

（4）从街区形式风貌上分类

①传统历史街区：是历史古城多年传承下来的街区形态，商街历经数代的繁荣，在城市中有着久远的历史影响和文脉传承，是一个城市的人文象征与形象代表，是现代城市发展的宝贵遗产（如图5-38）。现在许多城市的商业步行街仍然承袭传统历史街区的

图5-38　天津市内传统历史街区（李磊 摄）

遗址，经维修和改造形成适合现代城市生活与商业经营需要的街区形式，这类街区不仅有深厚的人文积淀和浓郁的商业氛围，同时具有丰富的景观作用。

②现代商业街区：是城市不断发展的产物，城市的规模不断增大。传统的商街已不能满足快速发展的经济与城市人口膨胀的需要，旧的郊区不断地成为城市的一部分，当新城人口增长到一定规模的时候，新的商业街区就会随之而产生，它往往是与新城区的规划同时进行。现代商业步行街区通常是新建的，它具有便捷宽阔的街道、大规模的商场、繁多的店铺、高大的建筑，符合城市社区生活多方面要求的完善的配套设施等特征（图5-39）。现代商业步行街区的建设是根据城市或社区规模与经济条件而定，有单街与多街等类型。

③民俗风情街区：是不同地区，不同民族、不同习俗的城市在建设商业步行街区中，为突出当地

图5-39　北京市三里屯太古里（李磊 摄）

或异地民间、民俗、民族的特征与特有的人文风貌，吸引观光游客，促进商业繁荣所采用的建设形式。它具有浓郁的地域特征，是现代旅游城市和旅游景区必建的商业步行街区。

④主题观光休闲街区：是现代城市生活中十分重要的环境，它通常以吸引人们的特色经营为主题，并以特别的街区景观形式与商业内容吸引众多消费者，如北京"后海酒吧一条街"，重庆的"八一路好吃街"等。主题观光休闲街区的建设常与大众消费、文化和社会时尚结合。

5.6.3 商业步行街区景观设计的方法

在城市建设和经济发展的过程中，商业步行街区的视觉形式成为促进地区商业繁荣的重要因素。因此，商业街中的各种视觉形象都需要经过合理的规划与设计，形成商业街区景观总体形式的组成部分，使之既符合步行商业街的功能要求又能满足大众视觉审美需要。商业步行街区景观设计主要包括4个部分：街区整体景观规划设计；街区平面景观设计；街区景观艺术品与造景设计；街区公共设施的形式设计。

1）街区整体景观规划设计

整体景观规划设计是产生商业街区景观整体形式的主要思路，它必须根据街区环境规模、街道的长度、商业特征、容量、地形情况、建筑特征、人流与物流的流量、与周边街区的交通控制关系，以及出入口处的停车场地等重要因素进行综合考虑。商业步行街不宜过大和过宽，从人的活动习惯上分析，大量的商业人流往往只集中在步行适宜的路段或主要商业区域，其余部分则被冷落。建立商业步行街的资金投入较大，在我国近年来的城市建设中已不乏超过1~2km的步行街区，投入有超过1亿甚至数亿元人民币的，但其结果却不理想，造成极大的浪费。因此，合理的建设与控制是形成繁荣和美

观步行街区的有效方法。例如，日本的商业步行街长度控制在平均540m，美国控制在670m，欧洲稍长为820m。步行街整体景观规划设计一般在3种情况下进行：新建街区、城市街区改造、传统历史街区改造。

（1）新建街区

新建街区是指在新城区建设规划中既定建设的新商业步行街区，此类街区一般在大规模的城市扩建中形成。新建商业步行街整体景观设计往往在新城区修建性详规完成后，就着手开始，它将结合建设规模、道路、建筑、管网设施、场地情况等基础建设内容与要求同步进行，使环境、道路、建筑、配套设施等重要的街区要素与景观物象形成完整、统一、和谐的视觉形式，并对步行街区的功能、形式、规模、街道长度、建筑高度、场地关系、视觉关系、流向关系等进行有效的控制。

新建商业步行街的宽度一般控制在12~20m，长度为300~600m最适宜，人持物步行200~350m便有疲惫感，即使在遮蔽雨雪、阳光的环境中，步行街的长度也不宜超过750m，过长的步行街容易造成购物者的疲劳；过宽的街面又使购物者疲于两边奔走，难于比较选择；新建街道两旁的建筑一般在两层以下为宜；主要商业区域的建筑可到3~4层。一方面是方便游人购物，另一方面是营造良好的街区环境与人的尺度和视觉关系，避免高大建筑所形成的视觉压迫感。只有将商业步行街区的各种功能与景观形式完美地结合，才能有效地满足社会生活的需要，带动城市区域经济发展。

（2）城市街区改造

城市街区改造是因城市的发展需要，将旧城街区改造为商业步行街区，整体景观规划设计应根据已形成的现状条件和改造要求进行改良设计，对道路、建筑、公共设施、管网设施、场地情况等现状进行系统的分析、梳理，找出存在的优势与不足，形成整体景观规划设计思路，制定优先设计计划，开展整体景观设计方案工作。

工作内容应主要针对路面人流交通组织，对先天条件不足的建筑进行拆除、重建、改建、整理空地、设置步行街区配套公共设施，添置绿化与公共艺术景观，对建筑立面和各种商业店面及路牌、灯箱、广告视觉景物制订控制性要求，根据环境场地条件划分发布区域和立面位置。对移动式摊位、露天经营场所拟订统一的形式要求，并划分路段限制经营区域。对于店面、橱窗等经营展示立面，应提出对内容和形象的规范性控制要求，避免乱搭、乱建造成视觉环境污染和安全隐患。

（3）传统历史街区改造

传统历史街区改造是在近年来城市化进程中所关怀，在设计中值得注意的是街区地面设计应专门为残疾人准备特殊的行进道路和导向提示。对于有场地高差关系的地面梯道旁应设置残疾人通道，盲道设置应有明确的导向提示（根据无障碍设计规范要求执行），并切忌景观物摆设，避免形成障碍。

2）街区景观艺术品与造景设计

公共艺术品与人工造景是营造步行街区人文氛围，反映社会文明程度，体现时代精神，表达区域独特文化现象的重要手段。公共艺术品与人工造景景观有别于其他应用功能景物（如建筑、道路、公共设施等），是具有独立视觉审美价值和独立形态特征的景观物象，是一个街区视觉景观形式的主调。由于商业步行街区在一个区域或一个城市所具有的特殊影响与作用。因此，商业步行街区的公共艺术品与人工造景从某个层面上，也代表了一个城市物质文明与精神文明发展的程度，反映出城市文化艺术发展的水平和大众审美素质。

（1）街区公共艺术品设计

公共艺术品是由雕塑、浮雕、壁画和装置艺术等表达方式构成，并以三维空间形式表现，采用耐久材料制作，具有独立视觉表现意义的空间艺术，是城市环境中最常用的造景方式。在现代商业步行

街区中艺术的渗入不仅仅体现在作品的表现上，同时也体现在环境中的艺术活动上，艺术家在特定的街区休闲区域中发生的艺术行为给人以切身的艺术感受，也是步行街中最受人们驻足青睐的人文景观。在表现类型上通常采用小品、群雕、组合装置、大型主题艺术墙、主题雕塑、艺术活动区等表现手法，针对街区环境的人文背景与场地条件的需要进行表现，在步行街区中公共艺术品设置应具有一定的必要性。

场地的特殊性不是所有的街区环境都适合放置或接受不同形式的艺术品或开展艺术活动的。设置艺术品和发生艺术行为必须根据环境的需要与场地的特殊条件而决定，即在特殊环境下配置的特殊形象，开展特殊艺术活动，产生特殊效果，这是公共艺术品存在的理由和条件。公共艺术品和艺术行为在街区环境中不仅要关注作品本身的形式问题，同时应考虑观者视觉距离尺度、作品的尺度比例关系与活动所需空间关系，这是形成场地条件的关键因素，根据不同的环境条件，选择相应艺术表现方式，是街区人文景观设置的重要内容。

人文的象征性在商业步行街中的艺术品应注重人文意义的表达，无论是运用传统的或现代的形式，都应根据本土地域的文化背景、社会生活习俗和时代特征进行创作，使街区环境中的公共艺术品具有公众可辨识的区域人文特征和文化意义。

表达的公众性公共艺术品的表现无论从形式和内容上都应体现公众性，它不等同于纯艺术表现，这是公共艺术品表达的首要因素。艺术品放置在商业街区环境中其形式传达具有强制性观看的性质，进入街区的公众无法回避，不管接受与否。因此，作品形式与内容的表达应以大众化的普遍审美意识为基点，艺术表现多以叙事性、象征性、民俗性和趣味性题材为主，注重形式表达的多样化。例如北京王府井步行街上的铜雕。

（2）街区造景设计

街区造景设计是以街区环境为条件进行人工景

观营造的设计活动，以街区的道路、空地、建筑立面、街道上空为景观表现的载体，形成多维度的、多样化的街区景象。从造景的种类区分，通常有水景、石景、植物景观、构筑物景观、悬吊式空中景观和灯饰照明景观等，这些景观形象将使步行街区产生丰富的视觉效果，从而吸引更多的游人进入商业街游览购物。商业步行街的造景设计不仅有美化环境的作用，同时具有为街区环境营造驻足休息、漫步观赏的作用，优秀的造景设计是将应用功能与景观形式完美结合的结果。

道路、空地上的造景设计是商业步行街中主要的景观表现方式，以水景、石景、植物和构筑物景观为主。常见的是将几种不同造景手段结合运用，使街区的各个路段连贯成一个具有丰富可视性和功能性的景观系统。地上造景设计需要根据场地空间尺度关系与路段交通节点关系，从总体设计的角度思考水景形式（流水、静水、喷泉），石景的设置（山石、石墙、石梯），植物选种（乔木、灌木、花卉、草坪），构筑物景观的营造（观景亭台、休息亭台、廊道、花架），并结合游人行进、驻足、观看的行为习惯，在人流相对集中的区域形成休闲功能完善、观景效果良好、空间变化丰富的街景关系。

街道上空是动态的临时性造景设计表现的空间。常见的形式有喷泉、充气空飘、灯饰、彩旗、彩带和轻质材料造型悬挂等。街道上空的造景是一种临时性和装饰性的活动，起到增强街区氛围、丰富街区景观形象的作用，主要根据街区空间条件结合节庆活动所进行的场景式造景设计。街区公共设施的形式设计在商业步行街中除独立的景观设计给街区带来审美形式功能外，公共设施、设备也是环境中重要的视觉物象，需要专门对其进行形式设计，使之成为街区中发挥重要的景观作用。商业街的功能性公共设施、设备种类较多，几乎涵盖了城市街区，道路的所有公共设施、设备内容。

5.6.4　商业步行街区设计实例

六本木新城街区：日本东京著名的购物中心和旅游中心，包括东京凯悦大酒店、维珍TOHO影城、朝日电视台、森艺术中心、新城住宅、露天广场、毛利庭园、屋顶庭园等一批标志建筑和景观设施。该项目由投资上海环球金融中心的日本森大厦株式会社历时17年开发建设，是日本最大规模的城区开发项目，并于2003年4月25日竣工使用。新城以打造都市文化中心为规划设计理念，将办公、住宅、商业设施、文化设施、宾馆、多功能影城和广播电视中心等组合在一起，形成居住、工作、娱乐、休息、学习、创作等多种功能为一体的区域格局。景观设计由日本著名景观设计师佐佐木叶二先生主创。在景观设计上体现"城市中心文化"与"垂直庭院城市"的理念，将城市高楼屋顶的空间装扮成绿色的广场和庭园，绿色步道串联整个城市空间。六本木新城综合楼实施了最大的绿化，让居民可以使用楼顶庭园，曲线绿篱、石墙、小河、小草坪与树木，把散置庭园连接在一起，形成一个主题。世界知名的艺术家们创作的公众艺术作品和街头设施随处可见，整个城区展现出充满艺术氛围的独特街景。

06

Master Design Case Analysis

第6章

大师设计案例解析

6.1　达拉斯喷泉区联合广场

6.1.1　解读大师——丹尼尔·U·凯利

美国现代主义风景园林设计师丹·凯利，1912年9月12日出生于美国波士顿近郊的小镇若克斯拜瑞。1931年进入当时很有名的瓦伦曼宁德设计事务所，接触到了欧洲的古典园林艺术。1936年进入哈佛研究生院，系统学习园林设计，大量汲取了东方与欧洲传统园林艺术的精华，并将传统与现代有机结合起来。50~60年代完成米勒庄园设计，1963年发表《自然：设计之源泉》，标志了凯利设计思想的成熟。60~80年奠定了他作为现代景观设计大师的地位，1997年被授予美国国家艺术勋章，是首位获得此荣誉的园林设计师。2003年2月21日，与世长辞，自此走完了他极其辉煌的一生。丹·凯利的主要作品有米勒庄园、喷泉联合广场、达利中心大道步行街、亨利摩尔雕塑公园、奥克兰展览馆室外公园、国家银行广场、金氏庄园、京都中心区规划、库氏住宅、美国空军学院、洛克菲勒大学、阔宁河滨世纪公园、达拉斯艺术馆、林肯表演艺术中心广场、福特中心大楼中庭、芝加哥湖滨码头公园、罗切斯特工学院、独立大楼第三街区、杜勒斯机场、芝加哥艺术学院南园、华盛顿第十大街环岛、约翰肯尼迪纪念馆、格雷戈里住宅、国家艺术馆、考瑞尔农庄、标准查特瑞德银行中庭、豪氏庄园、图温农场、AG总部大楼花园、乐氏之家、福克斯私家花园、哥伦布环岛、凯茨广场、杜氏大院。

"凯利对于现代景观设计最大的贡献，在于他既继承传统又摒弃糟粕的决心"。凯利这种高度独立而又相互一致的设计形式相当杰出且适用。正如他自己所说："人总是在或多或少地制造着生动的线条"。丹·凯利结构主义空间具有"透明"性主要体现在材料的质感、色彩、植物的季相变化和水的灵活运用上，呈现出微妙变化。丹·凯利认为，风景设计应当成为将人类与自然联系起来的纽带，而不是将它们割裂开来。人与自然的关系不是"人和自然"，而是"人即自然"。"设计应从实际出发，而不是去模仿某种办法。"

6.1.2　案例概况

项目名称，达拉斯喷泉区联合广场，位于美国德克萨斯州达拉斯市，项目规模6英亩，由凯利—沃克事务所设计完成，负责人为丹尼尔·U·凯利和彼得·沃克，设计负责人是丹尼尔·U·凯利，项目负责人是彼得·沃克，业主为克利斯威尔开发公司，设计时间为1982~1986年，完工于1986年10月。

此设计融合了办公塔楼、喷泉元素和欧洲式公共花园，细部重点在于水、小道和树木等景观建筑元素的运用（如图6-1、图6-2）。以出色的城市

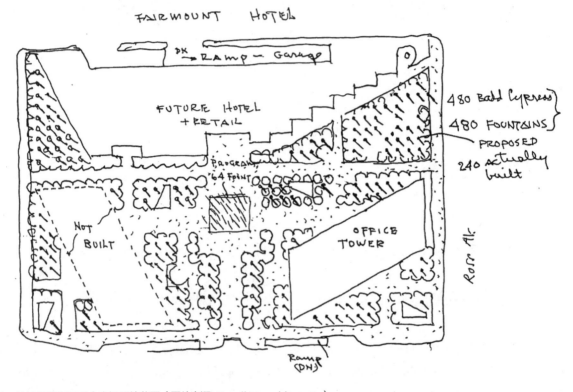

图6-1　达拉斯喷泉区联合广场手绘草图（图片来源http：//www.chla.com.）

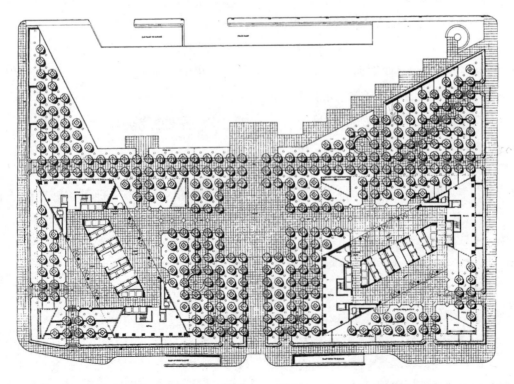

图6-2　达拉斯喷泉区联合广场平面图（图片来源http：//www.chla.com.）

环境设计造就了城市中最具有魅力的公共空间。大多数城市广场，特别是位于炎热气候地区的广场，都使用反射性的硬质铺地，只有很少的树木。在这里，广场70%的表面是水，所以在办公塔楼上面看像是漂浮在水中一样。

　　同时由于广场两面紧邻繁忙的罗斯大道与街道，这两条街道之间有12英尺的高差，因此设计时必须尽量避免阻碍街道间繁忙的步行交通穿越。场地条件使得丹·凯利选择利用一系列大小变化的跌水来消除高差（如图6-3）。中心广场上的水是壮观的，赋予喷泉广场以生命，从景观的平面形态总体结构来看，强调网格状的阵列式分布是该设计最为显著的特点。喷泉广场的设计可分为三个层次。首先，它在整个场地平面上铺放了边长5米的网格作为首层空间，在网格的交叉点种植了200棵落羽杉。树木栽种在圆形的种植盆里（如图6-4）。然后，他在第一层的基础上分别向左和上移动2.5米，铺放了第二层同样大小的网格，但在交叉点上布置了喷泉，形成喷泉交织的第二层面。在第三层结构上，凯利设计了宽达10米的十字交叉型混凝土铺装，铺装四周是水体。在十字交叉点上，他设计了1米见方的网格，这些网格的交叉点上密密麻麻地排列了361个小喷泉，它们由电脑控制，可以喷出不同形状的水流。这种均等的网状结构一方面通过模数化的方式强调出场地的秩序感和规整性，另一方面也通过连续性的重复面使得空间显得大气而沉稳。每组四棵树木中间有一个喷水式饮水喷泉，增强了石头铺地的人行道和广场台阶两种秩序的和谐性。黄昏时喷泉照明和水的效果产生巨大的变化，广场的每个喷泉底部都安置了灯光。到了夜晚，灯光点亮所有的喷泉，于是一种不同于白天的活力感便呈现出来。星星点点的光亮布满整个广场，伴着不断冲出的水流在地面和水面上跃动着，使这一区域有完全不同的景观（如图6-5）。

　　构成广场平面基本形态的图形除了方格，还有

图6-3　达拉斯喷泉区联合广场内的高差处理（图片来源http：//www.chla.com.）

图6-4　达拉斯喷泉区联合广场内圆形种植池（图片来源http：//www.chla.com.）

大量重复的圆形。方形主要体现在主体元素的布局方式上，而圆形主要出现在细部节点的设计上。树池是显性的圆形，可以直接被人们所感知。穿插在各树池之间的喷泉则构成了隐性的圆形，它通过落下的流水在泉眼周围形成的圆圈状不断扩散的水晕

图6-5　达拉斯喷泉区联合广场内灯光夜景效果（图片来源http：//www.chla.com.）

图6-6　达拉斯喷泉区联合广场内不同圆形的表现（图片来源http：//www.chla.com.）

图6-7　达拉斯喷泉区联合广场内溢水边的处理细节（图片来源http：//www.chla.com.）

在广场树种的选择上，最初凯利也曾考虑过皂荚树和梧桐树，但最后还是选择了落羽杉，这是因为落羽杉是落叶树种，能反映出达拉斯一年四季的环境变换；落羽杉的针形叶不会覆盖住水面，易于维护；落羽杉是达拉斯的当地树种，易于成活生长，并且能适应潮湿的环境；落羽杉的高度与建筑的高度比例也较为协调，不会过于遮挡建筑的采光。

喷泉区联合广场是以细部元素为主的广场，它的各个部分具有独特的主题、特殊的形式和纹理，但是其精华在于它是为人服务的，在达拉斯市中心提供了使人身心爽快、无与伦比的户外环境。

6.1.3　案例解析

凯利第一次来到喷泉区联合广场的设计场地时，就决定要用水体来激活这个庞然大物周围的环境。因为凯利认为设计"不仅仅是复制自然，而是要将人对自然的体验引入城市环境中来。"

我们通过观察会发现，广场的细部源于严谨的传统设计，小路表面和水的排列生成了清晰而简单的细部过渡。小路边缘和水堰的解决方式使水在到达铺地之前就会流回去，精确地保持了水面和铺地表面高度的一致（如图6-7）。在铺地表面上漫步就像在水面上走动一样。在极端商业化的市中心，这

而产生了另一种圆形。这种圆形不同于树池的圆，它始终处于运动和变化之中，甚至会因为水流的运动而产生相互间的影响，包括相互融合，相互消解等。树池的圆形是固定的、静止的，而喷泉所产生的圆形是可变的、流动的（如图6-6）。同样是圆形元素的重复运用，在该设计中设计师在统一的形式感已经形成的基础上，通过动、静的对比而使得景观细部呈现出趣味感和多变性。在平地部分，水面线的高度几乎和树池相当，树池立面的绝大部分都被池水所覆盖，远远看去，在树池边缘仅仅露出薄薄的一圈圆环，如同在水面上漂浮一般，整体界面平整，原本厚重的圆柱形树池显现出不真实的轻盈感，同时溢水边的处理使水面能保持在一定高度也防止水淌到道路上去（如图6-7）。

是一个令人意想不到的地方，该广场属道路围合型从属建筑广场，为市民提供休闲环境和生态花园景观，可以躲避交通的嘈杂和夏季的炎热。整个广场展现给人们一幅清新别致的景象：林木浓郁、山泉欢腾、跌水倾泻，好似一处"城市山林"。整个广场由植物、水体和喷泉组成，这些元素的组合、变化表达了凯利对于场地空间的理解和重组，被视为结构主义的代表之一。

　　喷泉广场的设计彻底改变了人们对城市空间的感觉，设计的要素蕴含了空间上的联系与暗示，有着有序的组合方式。广场中央的喷泉与四周的喷泉疏密不等，硬质铺地与环绕的水体相映成趣。借助于最基本的材料——水、树、混凝土和高技术，工程师们创造出了一个奇妙的地方。广场跳出了普通的城市设计的范围，被认为是继文艺复兴以来，最为成功的水园之一。建筑评论家戴维·迪隆形容喷泉广场是"独一无二的，是精确的几何形与丰富的自然的结合，理性与感觉的交融。"

6.2　美国纽约曼哈顿岛中央公园

6.2.1　解读大师——弗雷德里克·劳·奥姆斯特德

　　弗雷德里克·劳·奥姆斯特德（Frederick Law Olmsted）被普遍认为是美国景观设计学的奠基人，是美国最重要的公园设计者。他最著名的作品是其与合伙人沃克在100多年前共同设计的位于纽约市的中央公园。这一事件既开了现代景观设计学之先河，更为重要的是，它标志着普通人观赏生活景观的到来，美国的现代景观设计从中央公园起，就已不再是少数人所赏玩的奢侈品，而是普通公众身心愉悦的空间。他结合考虑周围自然和公园的城市和社区建设方式将对现代景观设计继续产生重要影响。他是美国城市美化运动原则最早的倡导者之一，也是向美国景观引进郊外发展想法最早的

倡导者之一。奥姆斯特德的理论和实践活动推动了美国自然风景园运动的发展。

6.2.2　案例概况

　　中央公园号称纽约"后花园"，被第59大街（59th St.）、第110大街（110th St.）、5路（5th Ave.）、中央公园西部路（Central Park West）围绕着，面积为843英亩，坐落在纽约曼哈顿岛的中央。公园包括中央公园动物园、毕士达喷泉（如图6-8）、绵阳牧场（如图6-9）、草莓园、保护水域、眺望台城堡等。设计主题为"市中心的绿宝石、陶冶心灵的圣地"。设计特点以自然资源保护为主，兼及人文资源的保护，为观赏园林艺术之美而创造，为公众的身心健康而创造，把公园和城市绿地纳入

图6-8　纽约中央公园内毕士达喷泉（图片来源：世界景观设计——文化与建筑的历史）

图6-9　纽约中央公园内绵阳牧场（图片来源：世界景观设计——文化与建筑的历史）

一个体系进行系统规划建设，从而导致城市生态规划的产生。

起初建筑师沃克斯与奥姆斯特德一起在公园散步，并制定名为绿箭（Greensward）方案的竞标设计时，他们成了好朋友，在他们的设计方案中，通过清理、植树、搬运泥土重新塑造柔和的轮廓，安置水渠将沼泽改造为池塘，使得该公园打造出既有田原风格又精致美观的景观。在1858年3月31日竞赛的截止期限，奥姆斯特德和沃克斯呈交了绿箭设计方案，该方案现在挂在中心公园中纽约市政府公园部的总部Arsenal里。4月18日，委员会宣布了他们的决定，沃克斯与奥姆斯特德小组获得了第一名及2000美元的奖励。

沃克斯与奥姆斯特德设计方案与众不同之处在于其略有起伏的宽阔草坪，草坪上按照树木的外形，散布绿树花丛中，这样就能让视线从草坪模糊的边界伸展到远方连绵的乡村幻景。绿箭设计中最有创造性内容的就是设计了四条东西向街道，穿越地下通道用来运送每天上下班的行人与车辆。奥姆斯特德从来没有表示自己有植物学方面的经验，他更加倾向于根据整体艺术效果来摆放植物而不是将其作为独立的科学标本。在1858～1877年，奥姆斯特德指挥由一千工人组成的队伍将伍佰万码方，大约一千万匹马所负载重量的石块，泥土和表层土搬入或搬出了公园。另外，奥姆斯特德还指导首席景观园林师Lgnaz Anton Pilat种植品种丰富的树木、灌木和藤本植物。

项目完成的纽约中央公园是一大片田园式的禁猎区，有茂密的树林、湖泊和草坪，甚至还有农场和牧场，是纽约这个繁华大都市的后花园。

6.2.3 案例解析

中央公园是城市发展的必然产物。首先它以优美的自然面貌，清新的空气参与了纽约这个几百万人聚集地的空气大循环；其次它满足了城市社会生活发展的需求，对个人来讲，它就像自己的私园一样。所以许多纽约人为它捐款和参加义务劳动，使得公园的朝气与活力不断更新。

奥姆斯特德认为建筑和雕塑的设计都应该服从于景观。实用性和装饰性的元素都应该使公园显得宁静优美，具有乡村特色。他并不把园林看作是人工安排的收集品，而是将其看作是多变的景观，是人们穿过乡间或城市公园途中的一系列合成图像。

今天，人们常批评奥姆斯特德与沃克斯是贵族价值观的倡导者，上流社会的代言人。因为他们修建的公园是供坐马车和骑马以及步行的游人游玩观赏的，并没有在公园里修建像球场和其他运动场类的休闲场所。这种观点是对他们设计目标的后来的价值评判体系的一种强加，它忽略了一个事实，即当他们设计中央公园时，这些休闲娱乐活动还不存在。

在奥姆斯特德的著作中，将公园的空间分为两类："友好的"和"群体的"空间，前一种空间是为到公园来野炊并欣赏景色的，由家庭成员和朋友组成的小团体准备的，而后一种空间则是为相互之间不认识，像清教徒一样聚在一起准备沿着大道欣赏沿途风光的人准备的。因此，该公园既能让人们浏览风景，也能培养人们的品性。

Bethesda台地园在中央公园内，雕版砌面涵盖了到Bethesda喷泉和湖边壮观的下沉台阶，描绘了丰富的动物种类和象征一年中四季的植物形态。绵阳牧场中为了保持景观所体验的田园风格，公园周围的城市景观通过公园的地形变化和浓密的遮阴树植物的种植来遮阴（如图6-10），公园中彩叶树种及常绿树种的运用，丰富着场所的季相变化（如图6-11）。在长形草地的周围，许多人认为这是奥姆斯特德景观中的精彩之处——他们将土堆成了小山，创建了宽敞的拱形隧道，这是设计上的一次创举，它使穿过该隧道的游客们都很惊奇，增加了人们的感观敏感度，还能让他们欣赏到柔和的乡村景色。这种愉快的经历发生在城市中的公园是非常难得的。

图6-10　为了保持景观所体验的田园风格，公园周围的城市景观通过公园的地形变化和浓密的遮阴树植物的种植来遮阴（图片来源：世界景观设计——文化与建筑的历史）

图6-11　纽约中央公园内植物丰富的季相变化

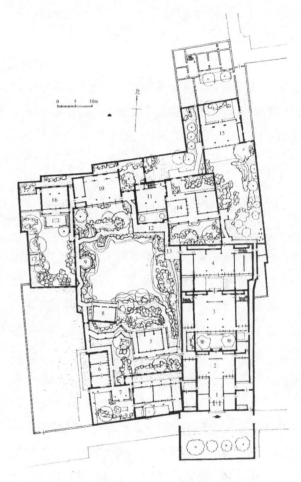

图6-12　网师园平面图（（图片来源：中国古典园林史）

1-宅门　2-轿厅　3-大厅　4-撷秀楼　5-小山丛桂轩
6-蹈和馆　7-琴室　8-濯缨水阁　9-月到风来亭
10-看松读画轩　11-集虚斋　12-竹外一枝轩　13-射鸭廊
14-五峰书屋　15-梯云室　16-殿春簃　17-冷泉亭

6.3　苏州网师园

6.3.1　案例概况

1）网师园的历史沿革

　　网师园位于苏州城东南阔家头巷，始建于南宋淳熙年间（公元1174～1189年），当时的园主人为吏部侍郎史正志，园名"渔隐"。后来几经兴废，到清代乾隆年间归宋宗元所有，改名"网师园"。网师即渔翁，仍含渔隐的本意，都是标榜隐逸清高的。乾隆末年，园归瞿远村，增建亭宇轩馆八处，俗称瞿园。同治年间，园主人李鸿裔又增建撷秀楼。今日之网师园，大体上就是当年瞿园的规模和格局。

2）案例说明

　　网师园现面积约10亩（包括原住宅），其中园林部分占地约8亩余，内花园占地5亩，其中水池447平方米，是一座紧邻于邸宅西侧的中型宅院。邸宅共有四进院落，第一进轿厅和第二进大客厅为外宅，第三进"撷秀楼"和第四进"五峰书屋"为内宅。园门设在第一进的轿厅之后，门额上砖刻"网师小筑"四字，外客由此入园。另一园门设在内宅西侧，供园主人和内眷出入。如图6-12所示，园林的平面略成丁字形，它的主景区居中，以一个水池为中心，建筑物和游览路线沿着水池四周安排。从外宅的园门入园，循一小段游廊直通"小山丛桂轩"，这是园林南半部的主要厅堂，取庾信《枯树赋》中"小山则丛桂留人"的诗句而题名，以喻迎接、款留宾客之意。轩之南是一个狭长形的小院落，沿南墙堆叠低平的太湖石若干组，种植桂树几株，环境清幽静闷有若置身岩壑间。透过南墙上的漏窗可隐约看到隔院之景，因而院落虽狭小但并不显封闭。轩之北，临水堆叠体量较大的黄石假山"云岗"，有蹬道洞穴，颇具雄险气势。它形成主景区与小山丛桂轩之间的一道屏障，把后者部分地隐蔽起来。轩之西为园主人宴居的"蹈和馆"和"琴室"，西北为临水的"濯缨水阁"，取屈原《渔父》："沧浪之水清兮，可以濯吾缨"之意，这是主景区的水池南岸风景画面上的构图中心（如图6-13）。自水阁之西折而北行，曲折的随墙游廊顺着水池西岸山石堆叠之高下而起伏，当中建八方亭"月到风来亭"（如图6-14）突出于池水之上。此亭作为游人驻足稍事休息之处，可以凭栏隔水观赏环池三面之景，同时也是池西风景画面上的构图中心。亭之北，往东跨过池西北角水口上的三折平桥达池之北岸，往西经洞门则通向另一个庭院"殿春簃"。

图6-13　网师园的濯缨水阁（李磊 摄）

水池北岸是主景区内建筑物集中的地方，"看松读画轩"与南岸的"濯缨水阁"遥相呼应构成对景。轩的位置稍往后退，留出轩前的空间类似三合小庭院。庭院内叠筑太湖石树坛，树坛内栽植姿态仓古、枝干遒劲的罗汉松、白皮松、圆柏三株，增加了池北岸的层次和景深，同时也构成了自轩内南望的一幅以古树为主景的天然图画，故以"看松读画"命轩之名。轩之西为临水的廊屋"竹外一枝轩"，它在后面的楼房"集虚斋"（如图6-15）的衬托下益发显得体态低平、尺度近人。倚坐在这个廊屋临池一面的美人靠坐凳上，南望可观赏环池之景有如长卷之舒展，北望则透过月洞门看到"集虚斋"前庭的修竹山石，楚楚动人宛似册页小品。竹外一枝轩的东南为小水榭

图6-14　网师园的月到风来亭（李磊 摄）

"射鸭廊"（如图6-16），它既是水池东岸的点景建筑，又是凭栏观赏园景的场所，同时还是通往内宅的园门。三者合而为一，故甫入园即可一览全园之胜，设计手法全然不同于外宅的园门。射鸭廊之南，以黄石堆叠为一座玲珑剔透的小型假山，它与前者恰成人工与天然之对比，两者衬托于白粉墙垣之背景则又构成一幅完整的画面。假

图6-15　网师园的月集虚斋（李磊　摄）

图6-16　网师园的射鸭廊（李磊　摄）

山沿岸边堆叠，形成水池与高大的白粉墙垣之间的一道屏障，在视觉上仿佛拉开了两者的距离从而加大了景深，避免了大片墙垣直接临水的局促感。这座假山与池南岸的"云岗"虽非一体，但在气脉上是彼此连贯的。水池在两山之间往东南延伸成为溪谷形状的水尾，上建小石拱桥一座作为两岸之间的通道。此桥的尺度极小，颇能协调

于局部的山水环境。水池的面积并不大，仅400多平方米。池岸略近方形但曲折有致，驳岸用黄石挑砌或叠为石矶，其上间植灌木和攀缘植物，斜出松枝若干，表现了天然水景的一派野趣。在西北角和东南角分别做出水口和水尾，并架桥跨越，把一泓死水幻化为"源流脉脉，疏水若为无尽"之意。水池的宽度约20米，这个视距正好在人的正常水平视角和垂直视角的范围内得以收纳对岸画面构成之全景。水池四周之景无异于四幅完整的画面，内容各不相同却都有主题和陪衬，与池中摇曳的倒影上下辉映成趣，益增园林的活泼气氛。在每一个画面上都有一处点景的建筑物同时也是驻足观景的场所：濯缨水阁、月到风亭来、竹外一枝轩、射鸭廊。沿水池一周的回游路线又是绝好的游动观赏线，把全部风景画面串缀为连续展开的长卷。网师园的这个主景区确乎是定观与动观相结合的组景设计的佳例，尽管范围不大，却仿佛观之不尽，十分引人流连。

陈从周誉为"苏州园林之小园极则，在全国园林中亦属上选，是以少胜多的典范"。清代著名学者钱大昕评价网师园"地只数亩，而有行回不尽之致；居虽近廛，而有云水相忘之乐。柳子厚所谓'奥如旷如'者，殆兼得之矣"。网师园的空间安排采取主、辅对比的手法，主景区也就是全园的主体空间，在它的周围安排若干较小的辅助空间，形成众星拱月的格局。西面的"殿春簃"与主景区之间仅一墙之隔，是辅助空间中之最大者。正厅为书斋"殿春簃"，为主园西北角的一个小庭院，花墙之下湖石堆砌成山，山下有一深潭"涵碧泉"。泉边的半亭以泉为名"冷泉亭"（如图6-17）。亭中有一灵璧石，形似飞鹰，展翅欲起。小庭院清晰而别具一格。院内当年辟作药栏、遍植芍药，每逢暮春时节，唯有这里"尚留芍药殿春风"，因此而命名景题。园南部的小山丛桂轩和琴室均为幽奥的小庭院。"小山丛桂轩"之南是曲折状的太湖石山坡，其南倚较高的园墙而成阴坡，山坡上丛植桂树，更杂以腊梅、海棠、梅、天竺、慈孝竹等。"琴室"的入口从主景区几经曲折方能到达，一厅一亭几乎占去小院的一半，余下的空间但见白粉墙垣及其前的少许山石和花木点缀，其幽邃安阒的气氛与操琴的功能十分协调。园林北角上的"集虚斋"前庭是另一处

幽奥小院，院内修竹数竿，透过月洞门和竹外一枝轩可窥见主景区水池的一角之景，是运用透景的手法而求得奥中有旷，设计处理上与琴室又有所不同。此外，尚有小院、天井多处。正由于这一系列大大小小的幽奥或者半幽奥的空间，在一定程度上烘托出主景区之开朗。因此，网师园虽"地只数亩，而有迂回不尽之致"。

6.3.2　案例解析

网师园的规划设计在尺度处理上颇有独到之处。如水池东南水尾上的小拱桥，故意缩小尺寸以反衬两旁假山的气势；水池东岸堆叠小巧玲珑的黄石假山，意在适当减弱其后过于高大的白粉墙垣所造成的尺度失调。类似情况也存在于园的东北角，这里耸立着邸宅的后楼和集虚斋、五峰书屋等体量高大的楼房，与园中水池相比，尺度不尽完美，而又非堆叠假山所能掩饰。匠师们乃采取另外的办法，在这些楼房前面建置一组单层小体量、玲珑通透的廊、榭，使之与楼房相结合而构成一组高低参差、错落有致的建筑群。前面的单层建筑不但造型轻快活泼、尺度亲切近人，而且形成中景，增加了景物的层次，让人感到仿佛楼房后退了许多，从而解决了尺度失调的问题。不过，池西岸的月到风来亭体量似嫌过大，屋顶超过池面过高，多少造成与池面相比较的尺度不够协调的现象，虽然美中不足，毕竟瑕不掩瑜。

建筑过多时清乾隆以后尤其是同光年间的园林中普遍存在的现象，网师园的建筑密度高达30%。人工的建筑过多势必影响园林的自然天成之趣，但网师园却能够把这一影响减小到最低限度。置身主景区内，并无囿于建筑空间之感，反之，却能体会到一派大自然水景的盎然生机。足见此园在规划设计方面确乎是匠心独运，具有很高的水平，无愧为现存苏州古典园林中的上品之作。

图6-17　网师园的冷泉亭（李磊 摄）

6.4 美国加利福尼亚州索诺马县唐纳花园

6.4.1 解读大师——托马斯·丘奇

托马斯·丘奇（Thomas Church 1902～1978）是20世纪美国著名的景观设计师，出生于波士顿，在加利福尼亚长大。最初进入加州大学伯克利分校时，他是法律系的一名学生。然而，大学农学院的一门园林设计历史的课程深深吸引了他，促使他转向了景观规划设计专业。1923年，丘奇来到哈佛大学设计研究生院继续学习。在伯克利，景观规划设计专业在农学院，对植物比较重视，要求学生认识2000种左右的植物，而在哈佛，这个专业设在建筑系，强调形式、功能、尺度和总体规划。这样的学习对于丘奇来说无疑是一个全面的训练。

1932年丘奇在旧金山开设了自己的事务所。大萧条造成的社会经济变化迫使他发展新的庭院设计模式。他将对地中海园林和加州园林的研究运用到实践中，如安排室外生活的场所、遮阴的考虑以及适应夏季干旱选择养护费用低的种植方式。他将花园视为露天客厅，是整座住宅中组成一个连续空间的元素。

1937年，丘奇第二次去欧洲旅行，有机会见到了芬兰建筑师阿尔托（A Aalto）。当时阿尔托刚刚完成了玛丽亚别墅和花园的设计。方案中使用了曲线的轮廓、肾形的泳池、木材和石材的外墙装修和地面铺装。虽然这个作品当时还没有建造，但阿尔托的设计语言给了丘奇很大的启发。在研究了柯布西耶、阿尔托的建筑和一些现代画家、雕塑家的作品之后，他开始了一个试验新形式的时期，他的作品开始展现一种新的动态均衡的形式：中轴被抛弃，流线、多视点和简洁平面得到应用，质感、色彩呈现出丰富变化。

丘奇为1939年"金门展览"（Golden Gate: Exposition）的两个小花园所做的设计标志着这个新时期的开始。他将新的视觉形式运用到园林中，同时满足所有的功能要求。他受"立体主义"、"超现实主义"（Surrealism）的形式语言如锯齿线、钢琴线、肾形、阿米巴曲线被他结合形成简洁流动的平面。结合花园质感的对比，运用木板铺装的平台和新物质，如波状石棉瓦等，形成了一种新的风格，比起这以前的所有设计，是一个非常显著的进步。

他认为规则式或不规则式，曲线或直线，对称或自由，重要的是你以一个功能的方案和一个美学的构图完成。作为美国现代园林设计的开拓者之一，他从20世纪20年代就开始了自己的景观实践，开创了被称为"加州花园"的美国西海岸现代园林风格。他的作品根植于加州环境的独特风格，为世人所追捧，是"加州花园"的代表人物之一。其设计思想和手法对今天美国和世界的风景园林设计有深远的影响。丘奇的每一个设计都是独特的，都符合独特的场地性质和使用需求。他认为，景观的形式取决于场地的特性、建筑的风格和业主的生活方式，并反对绝对的形式主义，作品拥有全新的形式和独特的空间特性，反映了那个时代人们的需求。丘奇认为，每一个设计都应该是独特的，都有独特的场地性质和使用需求，而他要做的就是把这些因素结合起来，找出一个满足所有需求的"解"。

丘奇是20世纪少数几个能从古典主义和新古典主义的设计完全转向现代园林的形式和空间的设计师之一。他的贡献在于：他开辟了一条通往新世界的道路，他的设计平息了规则式和自然式之争，使建筑与自然之间有了一条新的衔接方式。同时，他对材料的创造性使用，如木、混凝土、砖、砾石、草和地被等，通过精细和丰富的铺装纹样、材料之间质感和色彩的对比，创造出极富人性的室外生活空间。加粒料、拉毛或掺色的混凝土、美国盛产的木材以及红色的陶土砖是他最喜欢的材料，对今天美国和其他国家的景观设计都有着深远的影响。

6.4.2　案例概况

　　项目于1948年建成，位于美国加利福尼亚州索诺马县的一座山坡上，面积约333m²（如图6-18）。最初，业主对这一项目的要求仅仅是要有一个游泳池、舒适的铺装场地以及一些走廊。托马斯·丘奇和劳伦斯·哈普林（LawrenceHalprin）以及建筑师GeorgeRockrise一起，共同创造了这样一个完全基于原来场地特征的人工景观。

　　由于整个花园坐落在一个高地上，拥有极好的视野，可以俯瞰索诺马河峡谷。在场地边上，绝大多数原有的加州橡树都被保留了下来，同时下面的杂乱灌木被清理掉了。这样一来，这些树就成了人们在园中欣赏远处景物时的框景，同时它们也围合着这个花园。地面基本上为混凝土平台，样式是网格式的，这为业主的家人和亲友活动提供了大面积的铺装区域。在一个长满了橡树的角落里，混凝土被换成了红杉的木板，围绕着树干（如图6-19）。唐纳花园的中部设计了一个游泳池，作为整个花园的中心，是娱乐活动和视觉上的焦点。丘奇把游泳池设计成了当时流行的肾形（如图6-20）；在功能布局上作了一些分隔，使泳池在同一个形式中产生了两个功能不同的区域。这两个区域中，其中一边更深、更长，并且设有跳板，是用来游泳的；另一边的水更浅、更安全，是为孩子们嬉戏与玩耍的。在泳池的中心，为了象征性地区分这两块不同的功能区，在分界处设置了一座由设计师AdalineKent设计的形状弯曲的雕塑。这座雕塑跟游泳池一样，也是同时具有多种功能的：不仅仅分割了两个功能区，也是人们在游泳时可以把玩的大玩具（雕塑基部的空洞可以吸引小孩子们从中穿过）；同时，它就像一座小岛，平滑弯曲的外形也让人可以在游泳池中靠着他休息；更重要的是，通过其柔和的曲线，在形式上重复了其他的景观（例如远山、河流的曲线），这就使得这个花园和外界景观有了呼应，连为一体（如图6-21）。

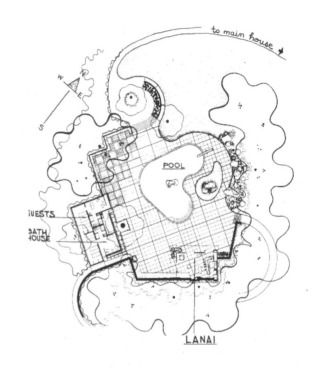

图6-18　唐纳花园平面图（图片来源http：//www.chla.com.）

图6-19　唐纳花园内红杉木板和树干（图片来源http：//www.chla.com.）

图6-20　唐纳花园内的肾形水池（图片来源http：//www.chla.com.）

图6-21　唐纳花园内平滑弯曲，与融合环境的雕塑（图片来源http：//www.chla.com.）

图6-22　唐纳花园内现代风格的更衣休息处（图片来源http：//www.chla.com.）

花园中用显著突出的平屋顶所强调的水平视野，成了对平台和水池的完美补充。如图6-22所示，更衣室在伸向游泳池的一侧，其立面只是一面空白的墙。滑动的玻璃墙和连续的长椅沿着石质的挡墙布置，它们连接了室内和室外的空间，这也正体现了现代加州生活中对户外活动的渴望。

6.4.3　案例解析

唐纳花园几乎从建成之日开始，就声名四起，成为大家模仿的对象。这座花园里几乎包含了加州人生活中所向往的一切，并且倡导和推动了一种精神，室内生活和户外生活占同等重要地位，在当时也促使了这种生活方式的形成。虽然在唐纳花园里能拍出许多美丽的照片，但对于丘奇来说，这个花园更重要的作用还是让人舒服的生活于其中，这也是丘奇设计的最终目的。

唐纳花园运用锯齿线、曲线、肾形线等设计语言构成了简洁流动的平面形式。室内外直线的联系，可以布置花园家具的紧邻住宅的硬质铺地，小块不规则的草地、红木平台、木制长凳、游泳池以及其他消遣设施，每一部分综合了气候、景观和生活方式，很好地满足了舒适的户外生活需求。而树冠的框景将原野、海湾和旧金山的天际线带入庭院中。

07

Landscape Design Scheme Composition & Expression Specification

第7章

景观设计方案构成及表达规范

7.1　构思草图

　　草图是设计师、高校师生快速记录自我构思的媒介，它使得我们的构思得到形象的视觉化，是抽象到具象的过程，帮助我们与他人进行设计思想的交流，国内外知名的设计大师都有绘制草图的习惯，草图日志记录着设计大师们的思维碰撞。

　　构思草图中往往会有文字标志、尺寸说明、设计推演，因而构思草图有平面图（图7-1、图7-2）、透视图（图7-3、图7-4）、鸟瞰图（图7-5）、立面图、剖面图、节点详图、分析图等多种形式。另外草图是设计的起始，指引着后续的设计。

7.2　总平面图

　　景观的平面图是景观元素的水平面的正投影所形成的视图。它能表示整个设计的空间布局、结构、空间构成及空间构成要素之间的关系。地形在

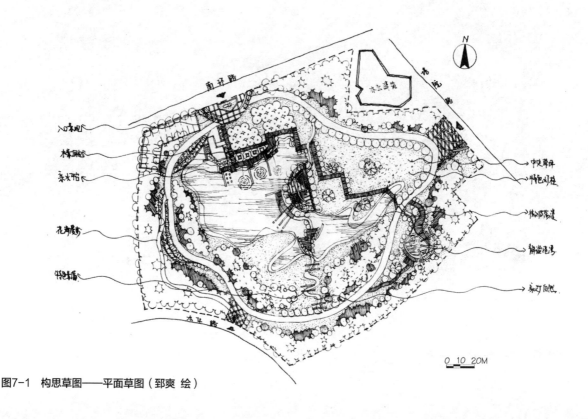

0　10　20M

图7-1　构思草图——平面草图（郅爽 绘）

平面图上用等高线表示，水面用范围轮廓线表示等都要求足够的规范性。如图7-6所示，在绘制平面图时应注意整体性，体现设计构思，表达应有美观度。

　　在设计过程中，平面图是整个设计方案的设计骨架，平面图的成败对设计有举足轻重的作用。平面图是平面草图的延伸，图幅的严谨、准确程度直接说明设计的水平，它是设计师与客户交谈、设计师之间交流、教师与学生间教学过程中的有效媒介。

7.3　立面图、剖面图

　　立面图是反应设计中人所感受的空间层次变化的最直观图纸。剖面图反映了设计的结构形式、构造内容、断面轮廓、造型尺度，是设计的重要依据，如图

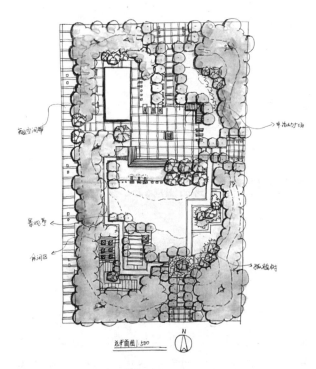

图7-2　构思草图——平面草图（张家子 绘）

图7-3　构思草图——效果草图（刘成 绘）

图7-4　构思草图——效果草图（佚名）

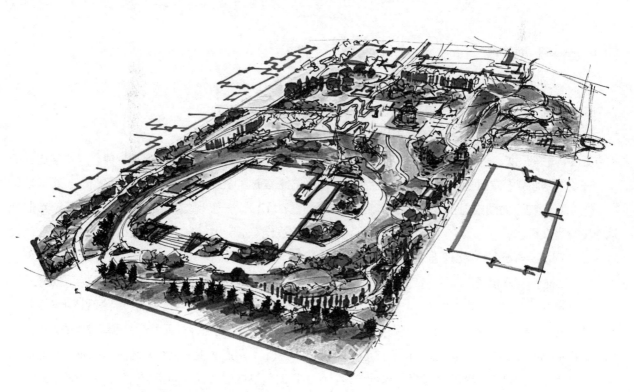

图7-5　构思草图——鸟瞰草图（李磊　绘）

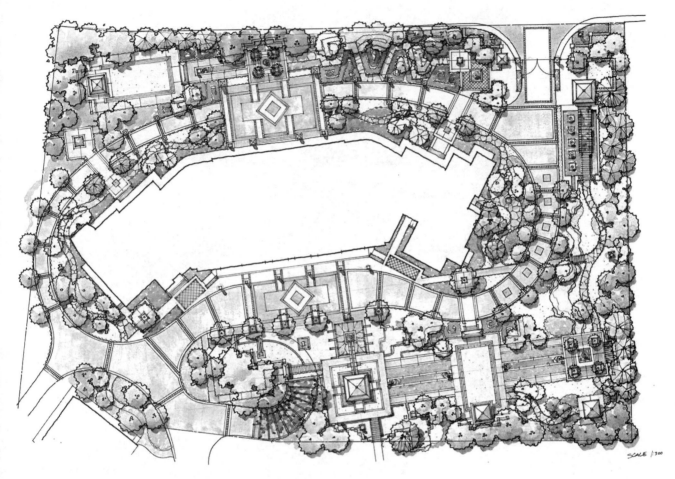

图7-6　总平面图（康丽　绘）

/-/所示剖面图、图7-8、图7-9所示立面图，其图幅弥补了平面图表达不到的设计精髓，表达了设计中垂直界面、空间层次、水平状态之间的关系。

在绘制剖面图、立面图时要注意以下几点：

（1）地形在立面图或剖面图中用地形剖断线和地形轮廓线表示；

（2）树木、置石要绘制出明显的形态；

（3）水面应用水位线表示；

（4）建筑应符合建筑表达规范；

（5）图上要有文字标注及尺寸说明，包括植物树种、构筑物名称及材质、竖向及横向尺寸；

（6）配景地融入使得图幅有参照，是检验设计是否符合人群使用的依据。

7.4　透视图

透视图是按照人眼的视觉规律，以科学透视的方法表达的三维空间效果图（图7-10、图7-11、图7-12）。一般视觉尺度的景观透视图应当把视平线定于1.5～1.7米之间，便可真实的变现空间关系。一般透视图可以分为以下三种类型：

（1）一点透视。当空间体有一个面与画面平行时所形成的透视称为一点透视。一点透视适于表现场地气氛、天际线形态及场面宽广、纵深较大的景观。

（2）两点透视。当空间体只有铅垂线与画面平行时所形成的透视称为两点透视。两点透视适于在需要表现某个具体景观元素形态，可表现出很强的体量感。

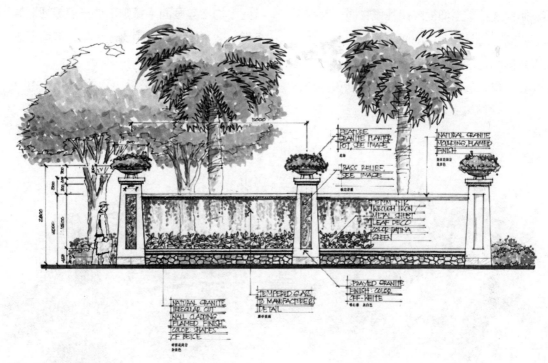

图7-7 立面图（佚名）

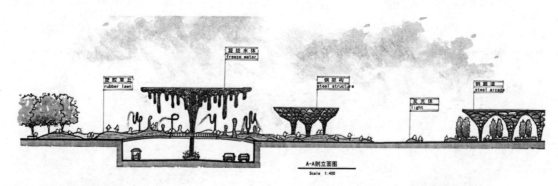

图7-8 剖面图（康丽 绘）

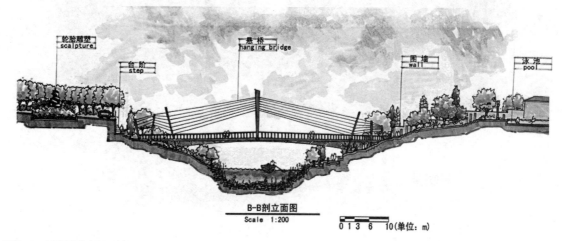

图7-9 剖面图（康丽 绘）

（3）倾斜透视。当仰视或俯视景物时，因视平面与画面必须垂直，因此，画面与基面呈倾斜状，景物铅垂方向的轮廓线必定有灭点。这时若水平方向轮廓线有一组与画面平行则形成倾斜两点透视，若两组均不与画面平行则形成三点透视。倾斜两点透视在效果图的绘制中比较少用，但可以表现一些特殊的视线角度。

图7-10　效果图（李磊　绘）

图7-11　效果图（李磊　绘）

图7-12　效果图（李磊　绘）

7.5　鸟瞰图

鸟瞰图是指在高于视平线的位置观察场地时绘制出的空间透视效果图，一般为三点透视。鸟瞰图的绘制要以所设计的平面图为依据，全面的表达设计构思、设计元素、设计空间、设计色彩的总体效果图。在快速设计方案及高校研究生考试时会要求设计者绘制如图7-13所示的局部鸟瞰图或是如图7-14所示的鸟瞰图。

7.6　分析图

在方案设计中，分析图可以很好地帮助设计师表达设计意图、体现设计严谨性。分析图可以考察设计者的思维能力，所以在快速表现类型的考试中常常出现。一般景观类的分析图包括：现状分析图、场地分析图、构思分析图、空间结构分析图、

图7-13　局部鸟瞰图（李磊　绘）

功能分区图、交通流线分析图、消防通道分析图、景观格局分析图、景观视线分析图、高程分析图、坡度分析图、坡向分析图、植物种植分析图。

在图面表达上应注意绘制的规范性，如图7-15所示，注意颜色、图例的区别，使分析结果一目了然。

图7-14　鸟瞰图（佚名）

7.7　文字说明

　　文字说明在快速表现中起到解释说明的作用，在快速设计考试中不可能允许设计者与考官交流，那么在图面表达足够准确的前提下，要想让识图者更加明了地理解设计构思、设计意图、设计创意及设计的科学合理性，就需要文字适当说明一番。

　　另外文字说明在快速设计考试的图面上有平衡构图的妙处。一百到两百字的说明要言简意赅，体

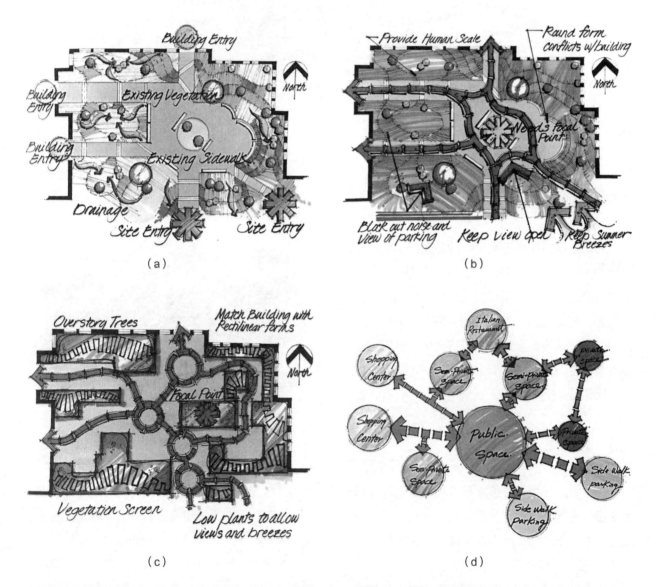

图7-15　a. 现状分析、b. 场地分析、c. 构思分析、d. 空间结构分析（图片来源：设计快速表现技法）

现和围绕设计主题，同时要注意文字叙述的准确性，要用景观专业术语。说明要根据设计的创意构思、功能分区、材料做法、照明设计等内容分段书写，以做到条理清晰，便于理解。文字的书写最好学习一下规范的艺术字体，也可以练习一下用马克笔书写POP字体，无论采用何种字体，字体的颜色与样式应当与设计的主题相呼应，书写的时候可以用铅笔先打好线格，对齐线格书写字体，这样可以使字体显得清楚、整齐。

7.8 版式设计

板式好坏很大成分上影响你的设计与表现的效果，好的版式能让你的设计作品吸引更多的眼球。比如一张好的摄影照片、精美的油画、国画作品，或者是虽由人作，宛自天开的园林景观，总离不开恰如其分的距焦构图。好的版式设计可以总结为以下几点：舒展大气、平立剖面图相互呼应、空间利用错落有致。

无论什么类型的快速设计表达，整体的感觉决定着第一印象，好比衣服与裤子的合理搭配，整张效果图里面不可能随意地去放平、立、剖面图，他们需要有序的组合排列在一起，不光是符合一个整体的画面效果，更重要的是让别人能更好地去欣赏你的方案设计，从而理解你所要表达的内涵。

景观快速表达的版式设计错综复杂，结构规划要求整齐中不失创新和画面的灵动感，给观者一个清晰的视觉表达效果和整合的总体框架思维，从而有条理地分析自己的设计思路，进一步方便引导观者，达到自己设计的出众点。

当然，具体情况还要具体分析，普遍景观高校快题要求用A1纸，但是图面要求不一样，像同济大学不要求画鸟瞰图，但要剖面1~2个，局部透视或者局部平面也要求1个，版式不一定，但是分析图可以最终确定2~4个，画面空的话可以画4个，且同济大学要求是硫酸纸，纸张一定要订好，可以用拷贝纸画草图，后面再用硫酸纸蒙在上面定稿。北京

林业大学要用A3纸，版式要求不高，但是第一张排布的效果图一定要出众。南京林业大学要求用A2纸，从2012年开始全部图不可画小。而其他有景观类专业的高校，如合肥工业大学、中国农业大学等高校的快题是A1图纸，版式会空一些，总平面图在左边，尽量可以把其他图画得大一些，鸟瞰图适当就可，不用太大，减小工作量。

怎样让设计作品吸引观者眼球，让自己的设计脱颖而出呢？随着方案的设计增加，我们应做到举一反三、加入自己的概念，持之以恒、慢慢地便能激发自己的创意，提高自己的快题方案创作能力。值得注意的是版式设计，避免版面过空或者超版幅。

7.8.1 以下是根据近几年景观类高校景观快题画面总结出的经验，设计版式在满足要求下，可以分成三种风格：

第一种风格：像北京林业大学这类一流高校，要求画面效果严谨，整齐有致，条理清晰。因此，相对画面效果偏重，对比较强，特别注明一下是北京林业大学初试2门快题，即景观和建筑快题，均采用A3纸张。其他画面风格比较接近的有东北林业大学、中国农业大学等。

第二种风格：即南京林业大学等高校，要求画面结构严谨。相对重视版式设计，然而画面色彩效果偏淡。要求画面清晰，慎用黑色，以防止画面糊掉，保持干净亮洁。其他画面风格比较接近的有中国矿业大学，浙江林业大学、合肥工业大学、苏州大学、重庆大学等。

第三种风格：像同济大学快题设计图纸要求使用的是硫酸纸，与上述不同的是，很多马克笔上色之后颜色严重偏离在普通纸上的色彩，一般是要用比原来更深的颜色，在硫酸纸上显示你想要的，因此建议用色前一定要先试下颜色，这类快题风格画出来颜色显得很透明，相对以上两种风格更具特点，笔触以平涂为主。

7.8.2 版式设计是许多人会忽视的部分，大家的注意力往往集中在一些快题设计本身的设计和表达上，专家学者总结了一些常用的小窍门。

（1）用纸及其相关准备工作

①选纸总体原则：

根据自己擅长的表达方式和表达工具选择合适的纸张。首先要利于自己擅长的表达方式的发挥，然后就是选择一张透明度不高但蒙一张纸的时候可以看到下面铅笔线条程度的纸张。这两点在设计中很重要。由于各种纸特性不一样，需要自己在练习的过程中自行揣摩。完全不透明的纸，不利于对比、构思，影响绘画速度。

②辅助轴线网格：

用HB或者B铅笔轻轻地在纸上打好一定尺度的格子，看清楚即可，不宜太深，否则会影响图面表达，而线条浅则看不见。适合的深浅程度以蒙一张同样的纸在上面也能看清楚则为最佳。格子的间距以自己常用的方案设计模数，加上自己习惯的制图比例绘制出来（例如8m×8m，6m×6m，用1：200的比例画在纸上就是4cm×4cm，3cm×3cm）。这样主要是为了作轴线，无论是徒手表达还是尺规表达都会起到辅助作用，其次还可以在最后的图面，形成一定的构图效果。

③字格：

以3～4cm边长的正方形打好格，里面写快题设计项目名称，建议用比较简洁大方的字体。设计说明、设计图名（如总平面图、鸟瞰图、分析图、效果图等）的格子也可以事先打好。但是考虑到构图和各种图在图纸上的图面大小，还是建议在绘图作版面设计的同时打设计说明的格子，因为版面设计对于图面效果影响很大。或者可以在一张小纸上写好，然后考试时再眷写到图面上。

（2）用笔方面

针管笔、美工钢笔、马克笔、水溶性彩色铅笔。每个人擅长表达的方法不同，每一种图面色彩表达都可以目标效果，但很多人都在各种表达类型之间徘徊，无论是彩铅、马克笔、水彩、色粉笔，都应根据具体情况而进行具体分析。

7.8.3 快题设计表达作图顺序及版式案例分析：

这里所指的方案阶段一般涵盖了所有平面图、主立面图、空间透视图和版面设计这几个内容，这些都是确定一个方案最主要的图面内容，其他的像剖面图、次立面图、总平面图等都可以由前三个生成。

（1）平面图（草图）

这里需要说明一下所谓的"草图"指能够定位直接指导成图的草图，而非概念性意向草图。对于手快的同学可以将其与概念设计一并完成。而之所以要将它与成图分为两步是因为整体进度要求主立面、透视图、轴测图是相当重要的两环节，只有做到设计完整，胸有成竹，才能达到画面的完美效果。

（2）主立面图、剖面图

无论透视图选择的是一点、两点还是三点，主立面图都是重要的设计源泉，完成它透视图、轴测图就完成了1/3。

一点透视是最简单省时的做法，由主立面直接拉出纵深空间进退关系即可。但是效果不佳，只适用于主立面进退关系明确的方案。两点透视最为常用，除了直接用上主立面的设计成果外，还可以同步进行次立面的设计，并在此后的次立面图绘制中派上用场。建议使用两点透视，因为大家都知道快题设计的图面效果很重要，设计临场发挥或许不一定有太好的灵感凸现，或是平日积累的原因，不足以惊世骇俗，但是图面表达上则是可以尽所能争取分数的环节，一定要认真对待，足够重视。

（3）透视图、轴测图（轴测图是同济大学历来的要求）

（4）设计分析、节点大样，标题、设计说明等文字书写。

分析主要指体量分析，手绘的体量分析图的效果很重要。主要节点大样是一些简单的主要景点关系和特色的表达，并配合有创意的如雕塑小品。一定要保证前期的设计稳定度，尽量把对方案的思维工作放到前面进行，尽量在后面全力投入表现工作中。

以下针对不同设计分类、要求、喜好所得经验，总结出如下几种设计版式，希望能对学生有所启发。

注：版式设计中元素名称，拟定义以下图形表达（见下表7-1）：

表7-1

名称	符号表示
快题标题	
总平面图	
剖（立）面图	
设计分析图	
鸟瞰图	
效果图	
设计说明	

案例一（如图7-16）：

板式好坏很大成分上影响你的设计与表现的效果，整体的感觉决定着第一印象，什么版式能让你获得更多的眼球?景观快题的版式设计错综复杂，结构规划要求整齐中不失创新和画面的灵动感，给观者一个清晰的视觉表达效果和整合的总体框架思维。从而有条理地分析自己的设计思路，进一步引导读者，达到自己设计的出众点。当然，具体情况还要具体分析，要成为一个优秀的设计师，除了需要具备渊博的知识和丰富的表现力外，整体版式设计思路是十分重要的，因为它是进行景观快题设计的灵魂。

第一张为典型的竖构图形式，结构整体划一，内容充实完善，该设计在一定程度上完整合理的安排了构图，使画面完美中不失规范性，体现了秩序的严谨性。标题位于顶部，说明了主题的重要性。总平面图和分析图占据了中部的主要位置，从宏观上表现了设计思路和整体效果，设计说明和鸟瞰图位于中部偏下，更进一步地展示了作者高水平的表现技巧和设计语言的表达。剖面图位于中下部，在一定程度上使得阅卷老师能清晰感受设计的竖向变化。效果图位于底部，给设计增资增彩。

案例二（如图7-17）：

景观快题的版式设计

以创新、求同存异的整体规划作为其基本特质，同时注意结构合理安排的空间营造。伴随设计元素、理念、表达的发展，版式设计由统一布局进入新颖为胜的时期，在各种排列的版式设计中，阅卷老师开始注重高水平、高要求、高能力的展示，拥有自己的设计已不是全部内容，设计具有独特的现代感和特征性才更符合要求。

第二张构图整体生动丰富，将题目置于画面的中部偏上，使阅卷老师能发现学生的大胆、创新性，版式新颖、清新。娴熟的设计思路、方法表现得淋漓尽致，第一时间吸引住老师眼球。

案例三（如图7-18）：

在景观快题的版式设计内，要注意节奏的把

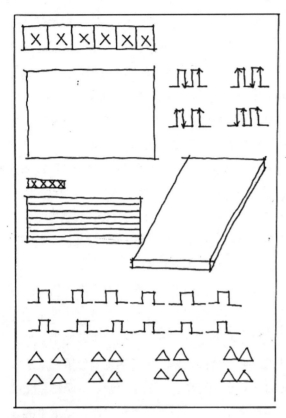

图7-16　案例一

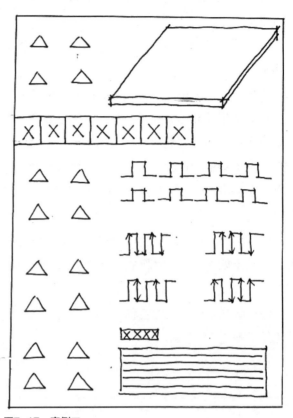

图7-17　案例二

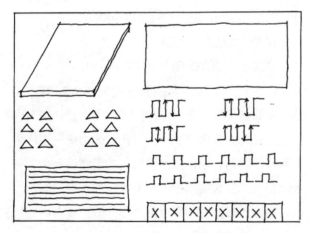

图7-18　案例三

的节奏变化：第三张为横构图，将题目置于底部，使设计版式整体轻松、明朗，突出重要平面、剖面、效果图的特色。图画表现大胆，色调统一，空间尺度上构图合理，主次分明，突显了本版式设计简洁、大方、高效的特点。

案例四（如图7-19）：

该版式采取简洁、大方的设计思路。上下采取有层次的合理安排，使设计在统一中求变化。以竖向排布为轴线，沿着思考的过程自然形成一条轴线，凸现设计的主体性，在版式上采取了有收有放的形式。沿着轴线，布置各类图幅，使得前后左右相得益彰，顾名思义，体现出设计者结构严整的态度；在强化轴线的同时，体现出版式设计统一、和谐的美感。将标题置于右上角，整体设计表现生动，关系处理完善，表现力和视觉冲击力相对较强，版式设计思路完备又突出。

握，在规划中设计变化从简洁的大同小异到丰富多彩空间、构图排布再到综合整体再合成；在横向、竖向中产生节奏变化；从左右两边的平衡感到上下空间的交替转化，再到局部特色展示，以及最后的成图展示；应针对不同学校的不同需求而产生有目

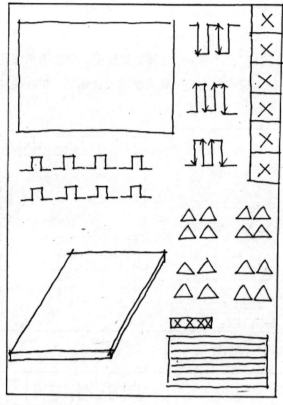

图7-19 案例四

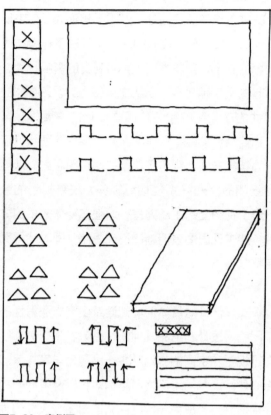

图7-20 案例五

案例五（如图7-20）：

该版式总体规划为设计提供了非常好的框架，整个版式总体规划规整、紧凑、浑然一体。前后左右构图饱满，和谐自然。结合设计总体规划与不同设计图幅定位，该设计的园林景观设计主题拟定为条形的广场、商业街等居多。景观总体布局以彰显作者水平的鸟瞰图为中心，周边图与总平面图以统筹划一为主题，错落环绕，成"众星拱月"之态，塑造疏密合理、亲切、自然的意境。

同时各图的营造结合理念展开，使得版式设计在营造空间意境的园林景观的同时，极大地提升设计的文化品位。该图为惯用的竖构图形式，不难看出最大特点在于整合性与条理性，表现内容丰富，结构合理、是最简洁，最出效果的设计版式。

案例六（如图7-21）：

随着设计师对图面效果表达质量的不断提高，

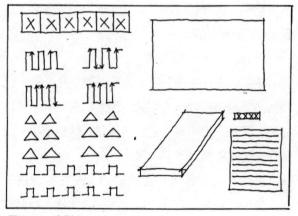

图7-21 案例六

要求景观设计版式的要求随之上升。体现优秀的设计思路是快题考试中的重点。总平面图位于图面中的最大、最中心位置，在排版时要使图面的空间展示更适合设计所要表达的内容。

版式设计分析是多维的，而最主要的是构图整合水平与节奏表现水平。构图水平以设计尺度、范围、安排布局三要素为基，以明了美观为质，来反映设计的本质条件；版式构思水平反映了作者与画面构思的关系，异质性越大，对观者的影响越大，所引起的反应越强烈。它从视觉感、美学、整体的协调性的角度反映和评价版式设计的重要性。因此，我们结合实际，针对图面效果要求的现状，运用最为科学方法，制定了典型的横构图版式，从而使图纸间的空间联系性相对较强，统筹规划的效果，对个别图面的生动处理，增强了整体效果的丰富性，能表现画图者清晰的设计思路，同时使得图面完整。

案例七（图7-22）：

版式设计针对具体情况则通过多节点放射性的视景网络、设计网络和几何式构图来实现。其本质是通过视觉和空间的变幻产生一种更为丰富、深远的空间体验。我们采用横竖结构对称以及多图面放射性视景网络，成为十字空间轴的对景，人在阅卷时有景可看，从而增大视觉空间体验。如表达图面效果较好，合理利于图面的整体表达，干净明了，结构完整，将会在考试中更准确地引导阅卷者，起到意想不到的作用。

案例八（图7-23）：

该版式设计中充分考虑人的节奏变化心理，把紧张与放松有机地结合起来，给人们提供一个可以曲折、延长、极具富有变化的线路，达到轻松分析景观构图的需求。

采用不规则设计，提供前后、左右的合理排布，使设计更加人性化。确定各图之间适当距离的关键不仅是实际的观看距离，更重要的是感觉距离。通过设计不同分析图的设置，来丰富人们的视觉感受，使单调平直呆板的版式设计活跃起来，使人的心理感受距离在作者的牵引中拉长。通过竖向的变化，使各图之间处于不同高差，真正营造一个休闲、自由徜徉的版式空间设计，从而达到主题设计明确，进一步使得画面更加丰富，增加了整体效

果的表现，增大了节奏的紧凑型和完备性，有利于观者的深入探究。

案例九（图7-24）：

版式设计的构图随着考试难度、深度的增强而方兴未艾，创造一个高品质的设计模式，帮助应试

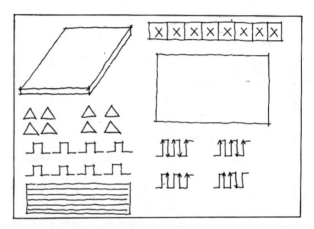

图7-22　案例七

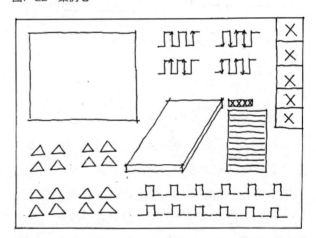

图7-23　案例八

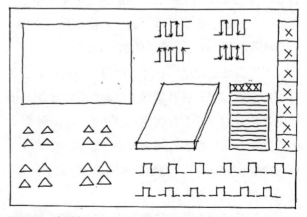

图7-24　案例九

者塑造一种新的构图意识，更是在快题中提高表现、设计理念发展的趋势。用此构图原则帮助阅卷老师释放疲劳和紧张的心理情绪，用不同的思路和节奏的更改来改善整体布局，提升画面的品质和空间素质，是景观版式设计的目的。各图在排布不同方面区域性的体现，整体感的塑造以及与现代化社会的有机融合是此次景观版式设计的关键。该图相对轻松活跃，节奏鲜明，富有动感。

08

Express Steps for Quick Design & Time Planning

第8章

快速设计表达步骤及时间规划

　　快速设计与平时的课程设计和工程设计不一样，快速设计的时间较短，一般为3小时、4小时、6小时或8小时，时间限制很严格。要在短短的几个小时内设计和表现出一个设计方案，对于设计全局的把握就显得尤为重要。时间的把握因人而异，绘图速度较快者可以多花时间考虑设计，绘图动作慢者则需要留有足够的绘制时间。对于时间的掌控，考生可以在平时的习作中演练几次，大致对自己各阶段所用的时间有个粗略的计算，做到心中有数。

8.1　分析设计任务书

　　在下发设计任务书后要在第一时间用重点标注的方式明确如下几点：

　　（1）设计概况。设计概况中重点分析场地区位、场地性质、基址内外环境、地势高低、设计类别、基址面积、基址内有无树木保留、水体引入等。

　　（2）设计要求。设计任务书中会有设计的要求，如场地服务人群要求、空间层次设计要求、植物种植的保留、移除及树种限制的要求、绿化率的要求、是否做地形处理等，都需要设计者逐项留意。

　　（3）表现要求。表现的要求一般指表现的工具、手法。如绘制工具的选择（马克笔、彩铅、水彩、钢笔、针管笔、铅笔、炭笔、圆珠笔）。表现媒介的要求（绘图纸、素描纸、硫酸纸、草图纸、普通复印纸、水粉纸、水彩纸）。手法是墨线绘制、铅线绘制、彩色铅笔上色还是马克笔上色。

　　（4）图纸要求。图纸要求指绘制设计图面的内容。设计图面内容一般囊括平面图、立面图、剖面图、分析图、效果图、鸟瞰图、标注尺寸及设计说明。

　　（5）图幅要求。图幅要求为绘制图面的大小及张数。纸张大小是1号图纸还是2号图纸等。张数是单张还是多张。

　　（6）时间要求。时间是设计要把控的重点，它决定着设计的重点应放在那些方面，图面表达的快慢，是3小时快题设计还是4小时，甚至8小时。

8.2　构思方案

　　方案的构思体现设计立意，在快速设计中至关重要。在构思方案时要有创新性、前沿性、符合设计的国家规范及满足人类环境行为心理的需求。

8.3　规划图纸

　　对于快速设计表达而言，不仅要按照要求完成图纸内容，要设定好图纸位置、大小、数量，做到心中有数，有的放矢。

8.4　拟定时间

通常快速设计的考试时间为3~4小时、6~8小时。以8小时快速设计的时间安排为例：10~15分钟理解题意，吃透设计任务书，分清设计的主要矛盾和次要矛盾。3~4小时进行设计，其中包括，方案的主题立意，对环境的考虑，功能分区的安排，细部设计。在这一阶段可准备草纸，用铅笔作一些草图分析和方案比较，但是也不可在此阶段耗费太多精力，过于追求完美只能浪费大量的时间，所以对于方案的设计应适可而止，不必要面面俱到。图面表现要留够3~3.5小时。其中，在效果图和平面图的绘制上要花费大量精力，因为在评分的过程中，效果图和平面图相对于其他图纸所占的比重是很大的。最后，留一点时间写设计说明和必要的文字与尺寸标注。

8.5　逐个完善

在快速设计考试中要对任务书中的要求科学分配、逐个完善，为保证图面质量，一般我们的完善步骤依次为：设计分析与构思、版面布置、平面图绘制、立面图及剖面图绘制、效果图及鸟瞰图绘制、分析图绘制、文字说明、整体调整。

8.6　整体把控

在快速设计中，一定要保证任务书所要求图纸类型的齐全。也就是说如果把大量的时间放在方案设计上，以至于没有时间将其表现出来，这将会置你于非常不利的境地，反之亦然。所以，优秀的快速设计也许不是最具创意的，也许不是最具深度的，却往往是相对最完整的。所以在整体把控阶段，首先，一定要在保证设计任务书的所有要求已经完成；再次，注意细节，如指北针、比例尺、剖切符号、图名是否注明且准确；最后，保证设计图纸的整体美观度（图8-1~图8-3）。

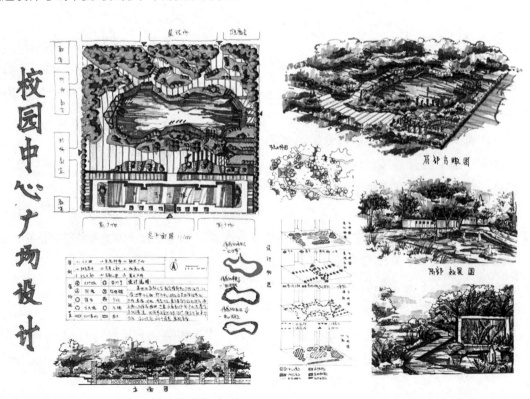

图8-1　快题案例1

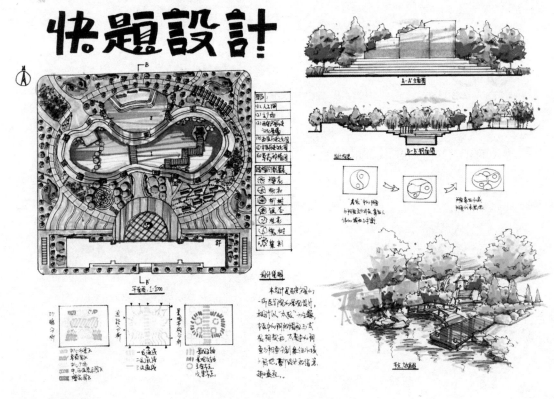

图8-2 快题案例2

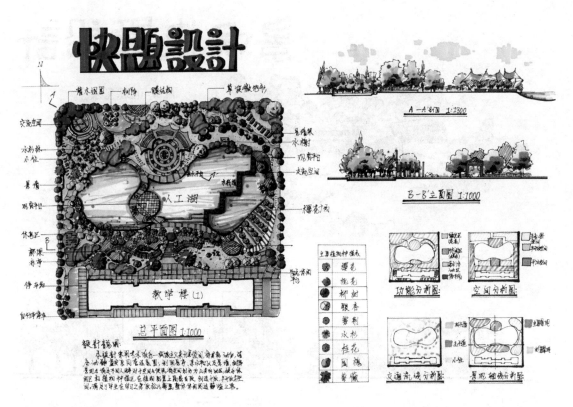

图8-3 快题案例3

09

Comments on Quick Design Works

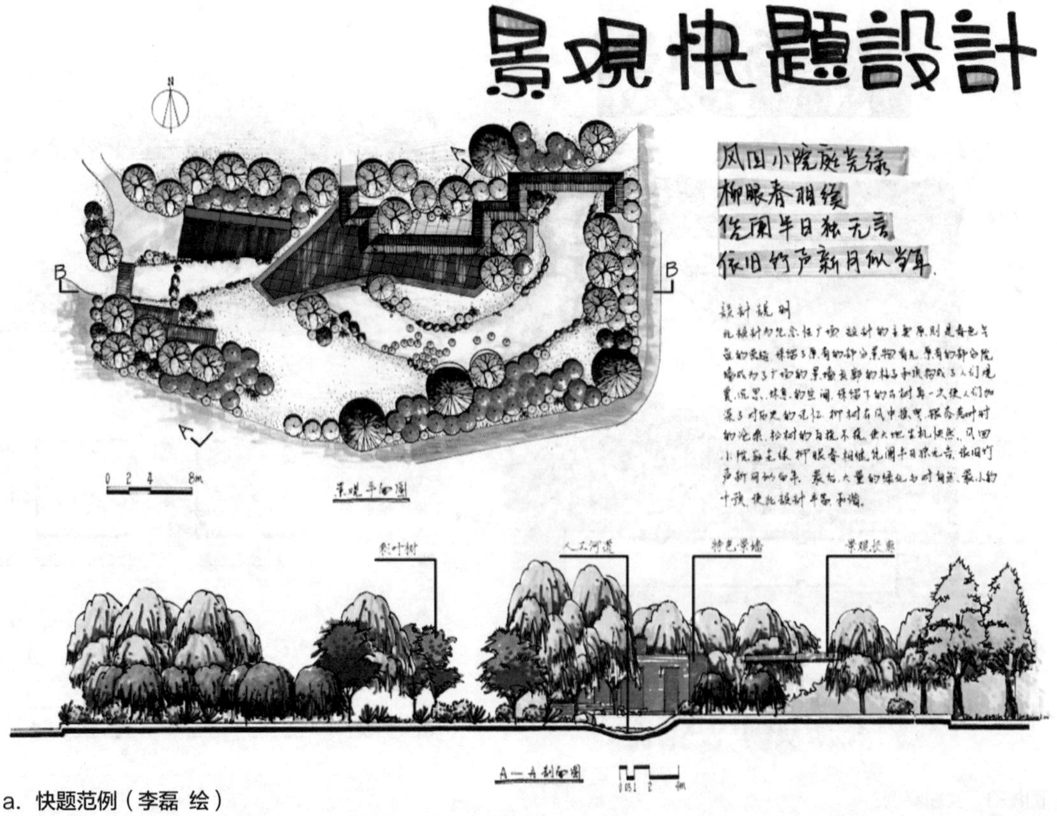

图9-1 a. 快题范例（李磊 绘）

第9章

快速设计作品点评

9.1　品评标准

　　景观设计快速表现要体现设计者的设计理念、设计的科学性、合理性、美观性就应遵循如下要求（如图9-1、图9-2）：

　　（1）是否足够准确的理解所设计场地的场地特性，如保留原有树种、原有地形等；

　　（2）是否严格按照设计任务书的要求执行设计；

　　（3）方案是否有创新性，设计理念是否有前沿性；

　　（4）设计的图纸内容表达是否符合表达规范、准确无误；

　　（5）文字、排版等图纸表达是否一目了然，整洁美观。

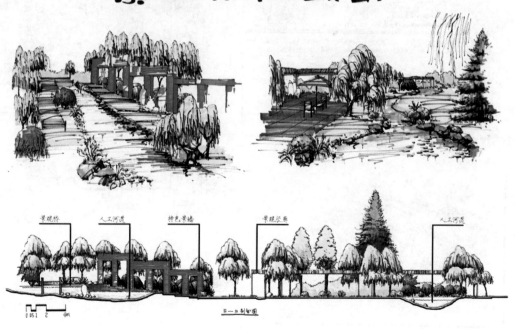

图9-1　b. 快题范例（李磊 绘）

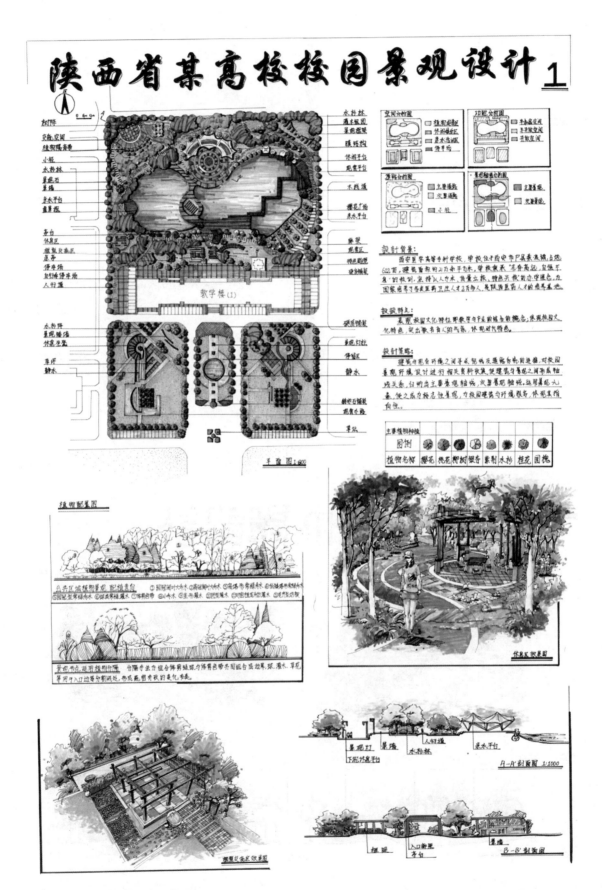

图9-2　a．手绘设计表达范例（马草甫 绘）

图9-2　b. 手绘设计表达范例（马草甫 绘）

图9-2　c. 手绘设计表达范例（马草甫 绘）

9.2　快速设计点评

9.2.1　工业园区景观设计类

案例一：滨水工业园入口景观设计

一、基地概况：

　　基址位于北方城市工业园的入口处，道路将场地一分为二，基址内部地势平坦，面积约为9600平方米，基址西临滨水，东北、东南方向为工业园，北侧为工业园生活区，如图9-3所示。

二、设计要求：

　　（1）设计符合周边道路交通要求，在滨河上需设高架桥，从而连接工业园区内外；

　　（2）设计体现工业、现代特色；

　　（3）设计需集休闲、娱乐、集散为一体，供周边人群活动。

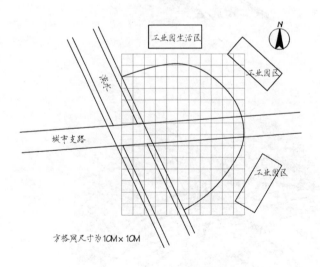

方格网尺寸为10M×10M

图9-3　入口示意

三、图纸要求：

　　设计中所有内容均在1张A1图纸上完成。图纸表现形式不限，内容包括：

　　（1）平面图一张，比例自定；

　　（2）立面图两张，比例1：100或1：200；

　　（3）重要节点效果图1～2张；

　　（4）鸟瞰图1张；

　　（5）标注尺寸并书写不少于100字的设计说明。

四、时间要求

　　时间为4小时

　　题目：滨水工业园入口景观设计（图9-4）

　　作者：张家子

　　表现方法：针管笔+马克笔+彩色铅笔

　　用纸：绘图纸

　　图纸尺寸：840mm×594mm

　　用时：4小时

点评设计

　　该地块的定位为滨水工业园入口景观设计，作为4小时的快速设计，符合任务书的要求，构图较为完整，布局合理，整体设计疏密得当，满足了休闲、娱乐、集散为一体的设计要求。规则式的布局，现代感较强，突出了工业区的特点。但空间设计的多样性、层次性不够，另外在种植设计方面有待提升。

表现

　　版面的构图、透视表现没有明显的错误，娴熟自如运用各种线条，主次分明，线条表现了一种速度感，画面上的颜色也较为协调。但值得注意的是图中没有指北针和相应的标注，效果图过于简练。

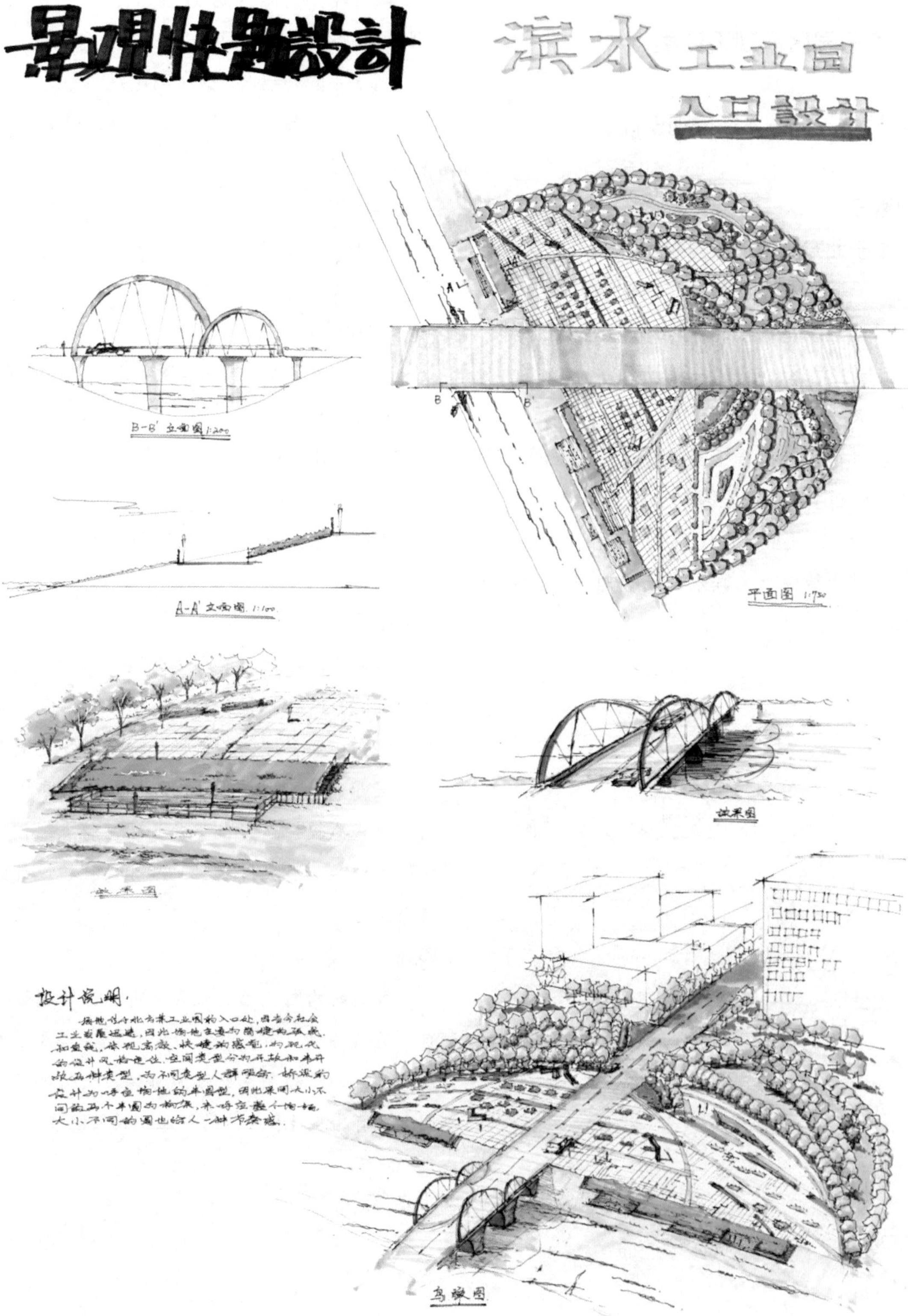

图9-4　滨水工业园入口景观设计

案例二：采矿工业区公园设计

一、基址概况

基址位于南方某城市城乡结合之地，原是煤炭采集基地，现在已荒凉，规划为公园。如图9-5所示，基址东高西低，面积约2公顷，基址外围东、西、南三面环山，使之形成一个凹地，北面为城市次干道和城市绿地，基址北面有一条宽4米的城市排水渠（图9-5）。

二、设计要求

（1）充分利用基址的环境和内部特征，通过景观规划设计使其成为居民休息娱乐、家庭游憩的自然空间；

（2）基地当中要求有服务性建筑和能够亲近自然的休闲活动场地；

（3）公园内需引水营造湖泊景观。

三、图纸要求

设计中所有内容均在1张A1图纸上完成。图纸表现形式不限，内容包括：

（1）总平面图一张，比例1：400；

（2）道路交通分析图、功能分析图，比例自动；

（3）典型剖面图两个，比例1：300；

（4）重要节点的放大平面图或透视图1~2张；

（5）标注尺寸并书写不少于100字的设计说明。

四、时间要求

设计时间为3小时

题目：采矿工业区公园设计（图9-6）

作者：张家子

表现方法：针管笔+马克笔

用纸：硫酸纸

图纸尺寸：594mm×420mm

用时：3小时

点评设计

该地块的定位为采矿工业区公园设计，内设服务性建筑、亲水平台，曲径通幽的自然式园路，很好地满足了居民休息娱乐的功能需求。在植物配置方面，为了提供一个安静的公园环境，设计者将高大植物种植在公园的周围，使得与外界适当隔离，另外设计的水景体现自然，自然驳岸的设计使得设计更加生态化。

表现

平面图的表现比较精彩，色彩协调，线条娴熟。体现了设计者对马克笔一定的驾驭能力。但值得注意的是平面图、剖面图中应有相应的文字标注。效果图的表现有待提升，分析图说明了设计意图但表现上有些呆板，美观度有待提高。

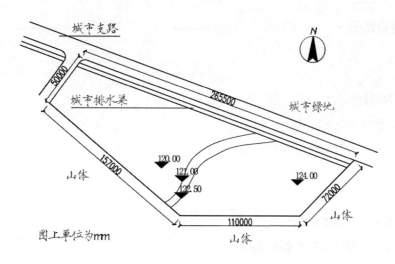

图9-5

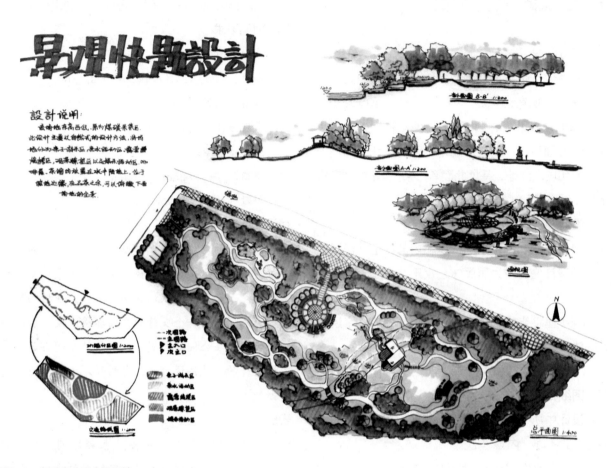

图9-6　采矿工业区公园设计

9.2.2　公共绿地景观设计类

案例一：城市公共绿地景观设计

一、基地概况

我国东北某城市内现有城市公共空间约1200平方米，基地平坦，北部为居住区入口，南侧、东侧规划为一层底商的商住小区，西侧为公共绿地预留地，如图9-7所示。

二、设计要求

此公共绿地服务周边居民，在基址东北角处设置社区医院，基址内现有乔木保留，在此基础上塑造植物、水景、景观小品等丰富空间。

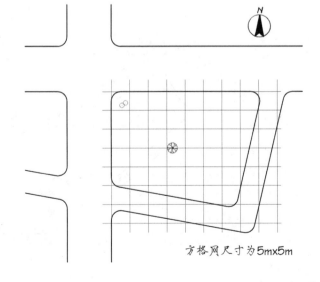

方格网尺寸为5m×5m

图9-7

三、成果要求

（1）平面图1：500；

（2）主要景观节点剖面图、立面图若干，比例自定；

（3）透视图2～3张；

（4）分析图若干；

（5）植物苗木表；

（6）标注尺寸并书写不少于150字的设计说明。

四、图纸及表现要求

（1）图纸规格为一号图纸，限定为1张；

（2）所画图幅务必用色彩表现，表现技法不限。

五、时间要求：

设计时间为4小时。

题目：城市公共绿地景观设计（图9-8）

作者：雍萍

表现方法：针管笔+马克笔+彩色铅笔

用纸：绘图纸

图纸尺寸：840mm×594mm

用时：4小时

点评设计

此快题设计较为完整，版式布局合理，整体效果好，入口位置选择得当，正确解读了场地的周边环境及基址内环境，在设计中通过不同景观元素的组合，使得空间丰富多样，在植物配置方面，形成了私密及半私密的围合空间，满足了使用人群休闲、娱乐的需求，空间布局疏密得当，营造了轻松惬意的空间氛围，开放空间的叠水景、铺装的设计不仅能较好地满足人们休息放松的生理心理需求，而且也较好地满足

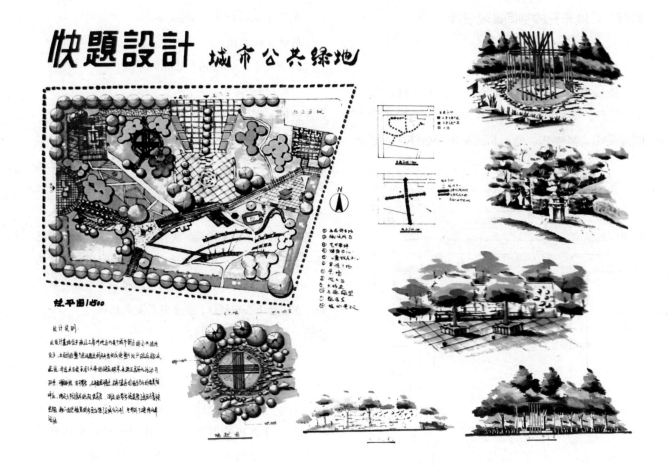

图9-8 城市公共绿地景观设计

了公共空间的审美需求，其水景体现人文色彩，亲水平台的设计使得人与水有了更多的交流。值得提倡的是在铺装设计上有节点详图，说明性较强。体现出设计者有很好的设计深化能力。

不足之处：①缺少了植物配植表。②平面图、立面图、剖面图没有标注等说明性的文字。③绘制平面图要带外环境，才可说明所设计的场地与外环境的关系。

表现

平面图的表现比较精彩，线条流畅，色彩搭配协调，运笔严谨，所有配景形象生动，使这些配景与主体相得益彰；分析图不能准确的说明设计意图，表达的准确性有待提升；效果图的绘制略显单调，空间感弱，应在绘制效果图时有说明空间设计特性及空间感强烈些的重要景观节点效果。

案例二：城市开放空间景观设计

一、基地概况

我国华北某城市拟建设开放空间一处，如图9-9所示，基址面积15000平方米，地势较平坦，四面临街，其中东、南、北三面均为居住区，西面为商业区。

二、设计要求

（1）满足周边居民及购物人群的休闲、娱乐；

（2）不改变原有地形；

（3）绿地率不低于40%。

三、成果要求

设计中所有内容均在1张A2图纸上完成。图纸表现形式不限，内容包括：

（1）平面图1∶300；

（2）局部剖面图1∶200；

（3）鸟瞰图1张；

（4）分析图若干；

（5）标注尺寸并书写不少于150字的设计说明。

四、时间要求：设计时间为3小时。

题目：城市开放空间景观设计（图9-10）

作者：张家子

表现方法：针管笔+马克笔

用纸：硫酸纸

图纸尺寸：594mm×420mm

用时：3小时

点评设计

该地块的定位为城市开放空间，构图较为完整，整体设计布局合理，设计在道路的直线相互穿插中完成，结构较为清晰，很好地满足了道路的通达性，设计与现状地形密切结合，内设空间丰富，可满足不同人群的使用。在植物配植方面，整体设计疏密得当，为了提供一个开阔的视野，设计者设置了一些低矮灌木丛，而在私密性空间内设计乔木，为游人提供一个安静之所。如能在图面上合理标注，会使设计更显精确。

表现

图面整体效果良好，平面图、鸟瞰图中细节刻画得比较到位，线条流畅活泼，马克笔笔触潇洒自如，色彩方面，色彩协调，营造了一种安逸、闲适的气氛。分析图的图例清晰，色彩明确，表达设计意图。剖面图的绘制有待提升，略显单薄，选择局部剖面应选择有地形变化或林冠线最为丰富的空间。

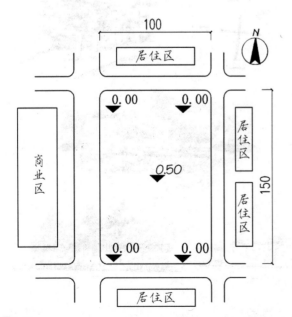

图9-9

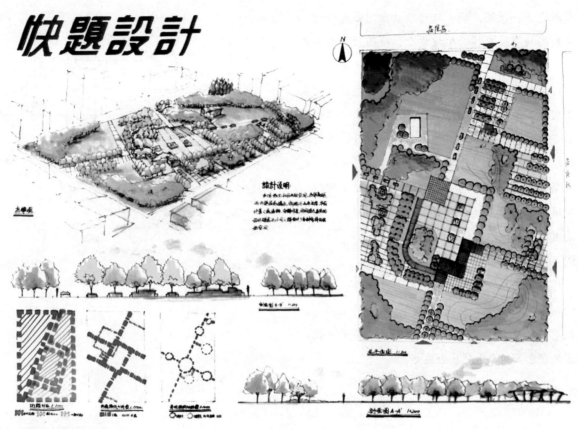

图9-10　城市开放空间景观设计

案例三：城市公园景观设计

一、基地概况

　　本公园为区级公园，位于东北某城市，面积约33000平方米。基址西北侧隔城市次干道为居民区和商业建筑，东北、西南隔城市支路为居民区，东南侧紧邻居住区。地势较平坦，具体如下图9-11所示。（图中方格网为30m×30m）

二、设计要求

　　（1）公园为开放性公园，应为居民休憩、活动、交往的场所；

　　（2）适当设置停车位；

　　（3）公园临近城市次干道、城市支路方向均需设置出入口。

三、成果要求

　　设计中所有内容均在1张A2图纸上完成。图纸表现形式不限，内容包括：

　　（1）平面图1：1000；

　　（2）局部剖面图1：200；

　　（3）效果图2~3张；

　　（4）分析图若干；

　　（5）标注尺寸并书写不少于150字的设计说明。

四、时间要求：设计时间为3小时。

　　题目：城市公园景观设计（图9-12）

　　作者：郅爽

　　表现方法：针管笔+马克笔+彩色铅笔

　　用纸：水粉纸（背面）

　　图纸尺寸：594mm×420mm

　　用时：3小时

点评设计

　　此方案整体设计感强，功能分区完善，较好地满足了设计任务书的要求。入口作为吸引游人的节点有所突出，设置广场，作为开放空间亦可作为人流集散的场所。在植物配植方面，公园最外围形成整体围合，使得公园与外界适当隔离，达到空间之间良好地过度。园区内设置的水景、木栈道、廊架供不同年龄阶段的游人休闲、娱乐。自然驳岸的做法融合整体景观的沿岸风貌。环路的设计，作为很好的环型步道，联系全园，又可作为消防通道。道路布局如更清晰的分为一级游园路、二级游园路、三级游园路会使整体设计更加科学，同时缺少局部剖面图、指北针，和相应标注。

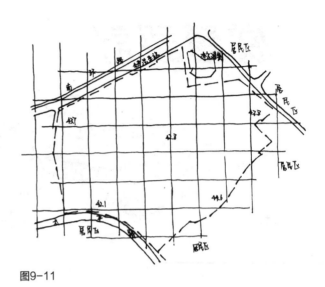

图9-11

表现

作者用色很大胆，画面明暗关系明确，但缺少了绘制景观平面图的明快感觉。效果图的空间感、透视感有待提升。分析图绘制没有很好的说明设计意图且颜色如能更加突出会更好。

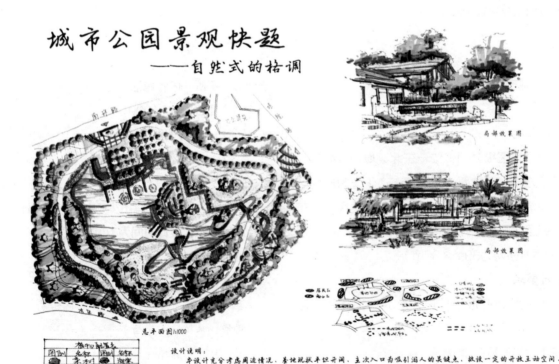

图9-12　城市公园景观设计

案例四：城市公共空间街头绿地景观设计1

一、设计概况

我国西部某城市为了美化城市环境，方便周边居民休闲娱乐，改善市民生活环境，拟修建街头绿地一处，面积为28000平方米左右，在基址西北、西南面为居民区，东面为商业区。基址被城市次干道环绕，如图9-13所示：

二、设计要求

（1）分析用地周边环境及使用对象，力求营造出一个有特色、环境优美、舒适怡人的城市空间；

（2）基地内部交通组织以步行为主，出入口符合周边道路交通要求；

（3）基址内以自然式种植为主，体现生态特色。

三、图纸要求

设计中所有内容均在1张A2图纸上完成。图纸表现形式不限，内容包括：

（1）总平面图一张，比例1：2000；

（2）局部剖面图1~2张，比例1：500；

（3）鸟瞰图1张；

（4）分析图若干，比例自定；

（5）标注尺寸并书写不少于100字的设计说明。

四、时间要求

设计时间为4小时。

题目：城市公共空间街头绿地设计（图9-14）

作者：张家子

表现方法：针管笔+马克笔+彩色铅笔

用纸：绘图纸

图纸尺寸：594mm×420mm

用时：4小时

点评设计

该景观设计布局合理，疏密得当，营造了轻松惬意的空间氛围，不仅能较好地满足人们休息放松的生理心理需求，而且也较好地满足了公共空间的

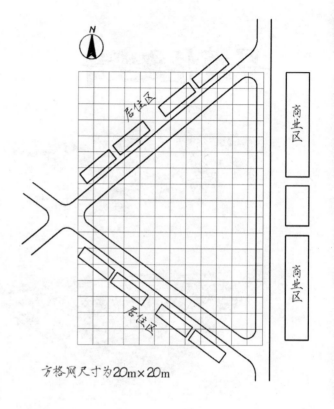

方格网尺寸为20m×20m

图9-13

审美需求。道路主要以几何形态为主，给人一种快速、便捷的感觉。自然式种植，紧扣设计要求，形成围合空间，几何形道路与自然式种植融合较好。中央的树林区域为人们提供较为私密的空间，使人们在喧闹的城市中找到安静的空间，贴近自然。而在入口处有开放性的空间存在，使得设计空间层次丰富。但平面图中缺少景观元素，如适当加入会使设计更加完整。剖面图缺少适当的标注且空间单一。

表现

整体版式紧凑，构图合理。平面图、鸟瞰图、效果图线条流畅严谨，色彩搭配协调，但过于简单，绘制空间细化不够，空间组合元素较少，缺少场所氛围。剖面图表达的图面信息量过于单薄，图面的整体色彩单一。

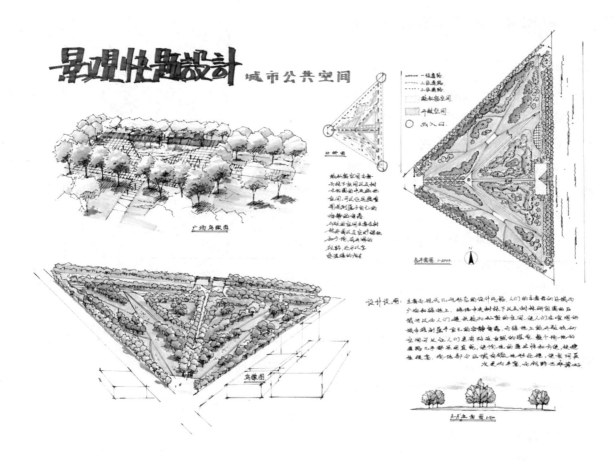

图9-14　城市公共空间街头绿地设计1

案例五：城市公共空间街头绿地景观设计2

一、设计概况

　　基址为我国中部城市中心区域的一块10000平方米的公共空间，基地的北侧、西侧隔城市次干道为商业区，在东南方位为居住区，西北方位有医院，其他地方均为商业区。基址地势平坦，如图9-15所示（图上单位为m）：

二、设计要求

　　（1）设计要求不改变原有地形，力求营造出一个环境优美、舒适怡人的城市空间；

　　（2）基地内部交通组织流畅，出入口符合周边道路交通要求；

　　（3）绿地率不低于40%。

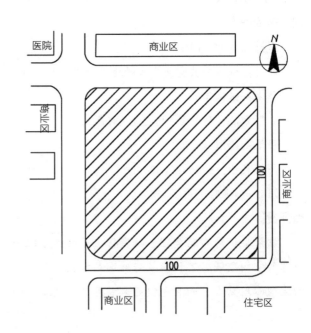

图9-15

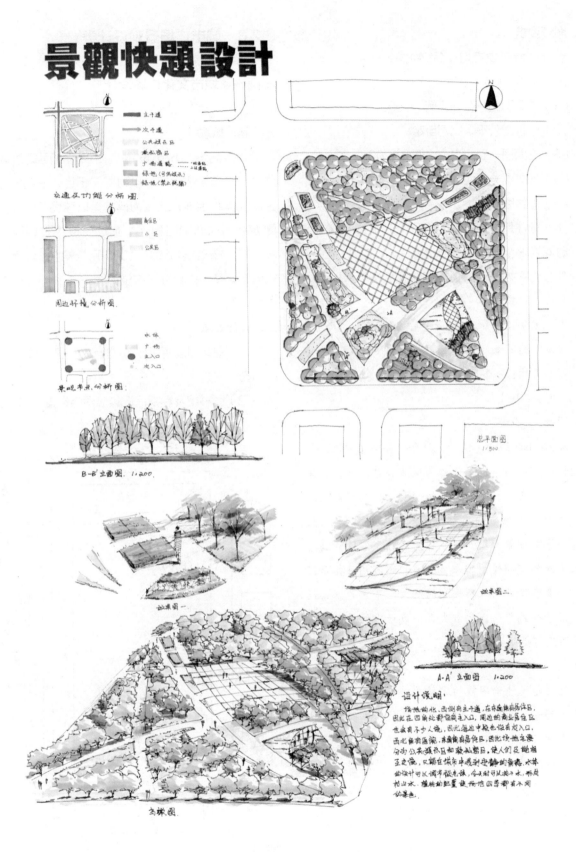

图9-16 城市公共空间街头绿地景观设计2

三、图纸要求

设计中所有内容均在1张A1图纸上完成。图纸表现形式不限，内容包括：

（1）总平面图一张，比例1∶500；

（2）分析图若干，比例自定；

（3）立面图一到两张，比例1∶200；

（4）效果图一到两张；

（5）鸟瞰图一张；

（6）标注尺寸并书写不少于100字的设计说明；

四、时间要求：设计时间为6小时

题目：城市公共空间街头绿地景观设计（图9-16）

作者：张家子

表现方法：针管笔+马克笔+彩色铅笔

用纸：绘图纸

图纸尺寸：840mm×594mm

用时：6小时

点评设计

作为6小时的快速设计，符合任务书的要求，整体设计疏密得当，满足了作为城市公共绿地，集休闲、娱乐、交流、集散为一体的要求，景观空间层次主次分明；绿地四周种植树木，形成围合空间；在基址中心设置大型广场，作为开放型空间，满足游人不同的空间使用需求，交通组织流畅且指示性强。但没有设计供人群休息的廊架、亭子等休息设施；铺装样式单一，比例失真；设计中的平面图、立面图没有说明性的标注。

表现

此快题设计构图较为完整，排版合理，图面整体色彩和谐，营造了一种舒适的气氛；平面图、鸟瞰图中细节刻画比较细腻，线条流畅，马克笔使用自如，但鸟瞰图中透视有一些问题；效果图、立面图绘制过于简单，不能很好地说明设计意图；分析图绘制的比较零乱，需进一步提升。

9.2.3　城市广场景观设计类

案例一：城市文化广场设计

一、基地概况

北方某滨海城市设置文化广场，西侧为教育局、文化局等事业单位以建国路相连，东侧为居住区以迎宾路相连，北侧为博物馆以惠民路相连，南侧为商场以朝阳路相连，基址内拟建占地面积为1200平方米的图书馆和1300平方米的影视厅，形式自定。基址内尺寸、方位如图9-17所示（图上单位为m）。

二、设计要求

（1）基址地势平坦，可考虑地形适度变化，使之丰富；

（2）图书馆及影视厅周边应适当设置停车位；

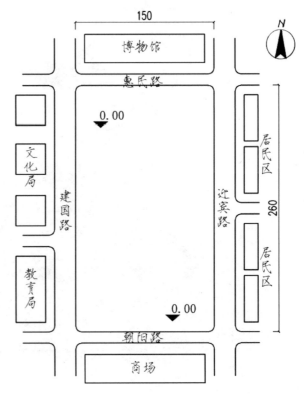

图9-17

（3）体现城市滨海文化特色。

三、成果要求

设计中所有内容均在1张A2图纸上完成。图纸表现形式不限，内容包括：

（1）总平面图1：500；

（2）局部剖面图1：200；

（3）局部透视图1~2张；

（4）分析图若干；

（5）标注尺寸并书写不少于150字的设计说明。

四、时间要求：设计时间为3小时。

题目：城市文化广场设计（图9-18）

作者：张家子

表现方法：针管笔+马克笔

用纸：硫酸纸

图纸尺寸：594mm×420mm

用时：3小时

点评设计

此快题设计整体功能布局合理、交通流线明确，内设图书馆、影视厅、下沉式文化活动广场，满足了作为城市文化广场的意图，同时紧扣设计要求。功能的分区，通过地面铺装划分区域，对设计中的硬质铺装进行了细化。种植设计疏密得当融入彩叶树种，丰富景观季相变化。但在体现滨海特色上不够鲜明。平面图应带外环境才可使设计更有与环境融合的说服力。平面图、剖面图缺少必要的说明性标注。

表现

图面构图合理，颜色搭配沉稳，但效果图、剖面图绘制略显单薄，应体现设计意图和场所氛围，在植物的画法表现方面应加强练习，分析图说明了设计意图但表现上有些呆板，美观度有待提高。

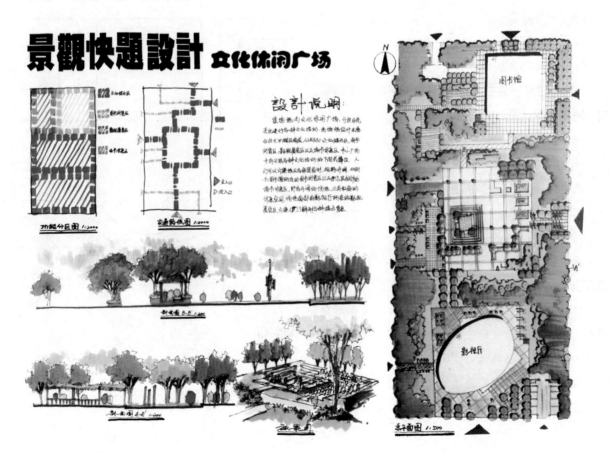

图9-18　城市文化广场设计

案例二：城市广场景观设计

一、基地概况

长江三角洲某城市需建城市广场。基址北侧为商务写字楼，南侧为城市主干道，东西两侧均为商业区。基址面积为12000平方米左右，基地平坦，如图9-19所示。

二、设计要求

（1）基址属人流集散性广场，要求道路设计时的通达性；

（2）在广场内设置水景，包括叠水、旱喷；

（3）保留原基址大乔木。

三、成果要求

设计中所有内容均在1张A1图纸上完成。图纸表现形式不限，内容包括：

（1）平面图1：400；

（2）局部立面图2～3张，比例自定；

（3）效果图2～3张；

（4）分析图若干；

（5）植物苗木表；

（6）标注尺寸并书写不少于150字的设计说明。

四、时间要求：设计时间为4小时。

题目：城市广场景观设计（图9-20）

作者：阳媚

表现方法：针管笔+马克笔+彩色铅笔

用纸：绘图纸

图纸尺寸：840mm×594mm

用时：4小时

点评设计

作为4小时的快速设计，布局方面，功能划分明确，以点线面的设计手法，分散布置，大面积的铺装为游人提供公共活动空间；道路设计方面，入口设计位置准确，内外通达性良好；在植物配植方面，乔、灌、草的合理搭配形成了不同的空间层次，同时注意到设计要求中保留原有树木的要求，审题细致；平面图有带外环境，使设计很好的融合于环境之中，场地内不同的水景形式，活化了空间。平面图、立面图有标注设计，可以很好地使审图者理解设计意图。

表现

构图较为完整，整体排版合理，平面图的表现比较精彩，色彩协调，线条娴熟。体现了设计者对马克笔一定的驾驭能力。效果图的表现过于简单，体现不出更多的特色，且要注意透视，分析图的用色不够鲜亮，效果有待完善。

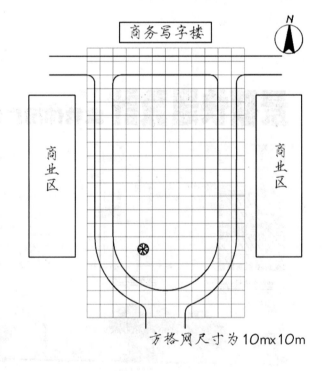

图9-19

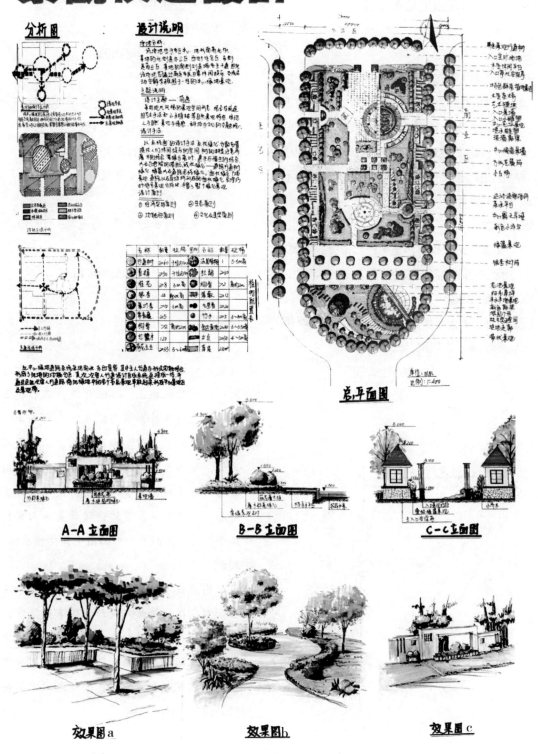

图9-20　城市广场景观设计

9.2.4 校园景观设计类

案例一：校园游园绿地景观设计

一、基地概况

北方某高校拟新建一处绿地供师生休憩，其周围环境条件如图9-21所示。场地为直角三角形，两边长度分别为34m和23m。场地周边种植一些植被。绿地中拟增设景观建筑供师生休息，景观小品及合理搭配植物美化空间。请按照所给条件和图纸完成该绿地的设计。

二、设计要求

（1）图面表达正确、清楚，符合设计制图要求；

（2）考虑各种园林景观要素功能与环境的要求，做到功能合理；

（3）种植设计应考虑北方气候，体现季相变化，达到四季有景的效果。

三、成果要求

（1）平面图1∶100；

（2）立面图1∶50；

（3）剖面图1∶50；

（4）透视图、鸟瞰图；

（5）分析图若干；

（6）标注尺寸并书写不少于100字的设计说明。

四、图纸规格：一号图纸1张

五、时间要求：设计时间为6小时。

题目：校园绿地景观设计（图9-22）

作者：雍萍

表现方法：针管笔+马克笔+彩色铅笔

用纸：绘图纸

图纸尺寸：840mm×594mm

用时：6小时

点评设计

此方案设计完整，功能流线合理，把中心作为吸引人群的关键点，设立休闲凉亭，作为开放性空间；在植物配植上，搭配合理，有形成围合空间的灌木，使得与外界适当隔离，又有点景作用的高大乔木，达到了开放与私密相结合；内设有木栈道、廊架，供师生休闲、娱乐，景观元素使用到位，路线与沿途景观设计合理，使得使用人群有步移景异之感；设计的水幕景墙使设计更加人文化。美中不足平面图、立面图、剖面图中缺少相应标注。

表现

构图合理，图面完整；线条流畅活泼，笔触潇洒；颜色搭配活泼，设计意图表达清晰；平面图、鸟瞰图的表现比较精彩，空间感强，主次分明；效果图的空间感及场所氛围表达欠缺；分析图略显单薄，形式及颜色不突出，如能表现完善会是一套不错的快速设计。

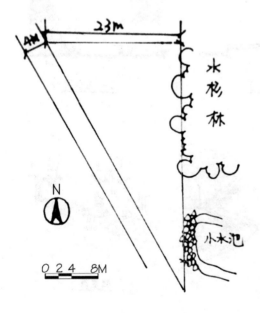

图9-21

图9-22　校园绿地景观设计

案例二：校园楼间绿地景观设计1

一、区位与设计背景

中国某华北地区电影学院校园根据需要及学校发展进行楼间绿地景观设计改造，场地北侧为表演中心，南侧为行政楼及放映中心，西侧为建筑预留地，东侧为绿化用地，具体环境如图9-23所示。

二、设计要求

（1）校园景观环境特色缺失，应体现电影学院的气质；

（2）设计应提供良好的户外休闲活动与学习交流空间。

三、图纸要求

（1）总平面图1：500；

（2）透视图1～2幅、鸟瞰图1幅；

（3）分析图若干；

（4）标注尺寸并书写设计说明。

四、图纸规格：1～2张二号图纸

五、时间要求：设计时间为4小时。

题目：校园楼间绿地景观设计（图9-24）

作者：郅爽

表现方法：针管笔+马克笔+彩色铅笔

用纸：绘图纸

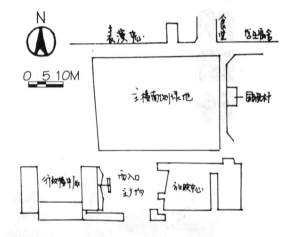

图9-23

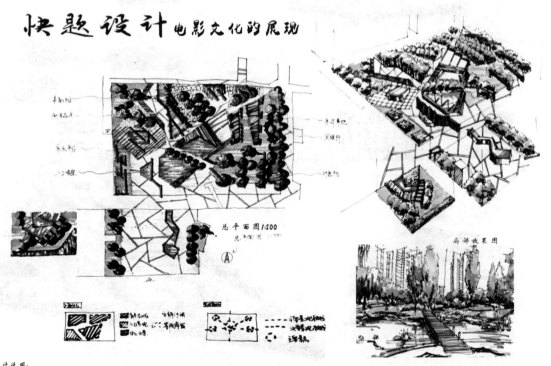

图9-24　校园楼间绿地景观设计

图纸尺寸：594mm×420mm

用时：4小时

点评设计

该地块为校园楼间绿地，作为4小时的快速设计，符合任务书的要求。内设人工水景、景观小品、木栈道等，很好地满足了学生课余时间交流、休闲、娱乐的功能需求。此设计功能分区明确，采用分散布置的方式，疏密得当，道路贯穿设计各主要节点。采用电影文化的景观主题，紧扣设计要求，设计展现了大学生的青春和朝气，但在设计中主题的提出与设计联系不紧密，并未很好地展现这个主题。

表现

整体排版合理，图面完整，颜色搭配沉稳。技法上，马克笔与彩铅的过渡较为自然，笔触处理得符合画面各局部的相应位置。但颜色过于暗沉，不符合校园的色彩，颜色应该更鲜亮些。效果图的风格与平面图、鸟瞰图的风格不统一。分析图的表达不明确，形式及色彩上还有待提升。

案例三：校园楼间绿地景观设计2

一、基地概况

某大学艺术学院建筑位于校园西北角，周围树林密布，环境优美，其中艺术学院建筑占地面积约为18000平方米，共3层，为普通钢筋混凝土建筑，整体构造为现代风格。

建筑的核心景观为3个庭院，如图9-25所示，其中中部和西部的两个庭院是可以进入的，而东部的庭院因为面积较小，所以除管理外平时不能进入。

二、设计要求

建筑的3个庭院都必须设计，设计时要充分考虑从建筑内部观赏3个庭院的视觉效果。西部和中部两个庭院要充分考虑日常师生交流活动功能，使它们成为良好的交流、休闲观景空间。

三、成果展示

设计中所有内容均在1张A1图纸上完成。图纸

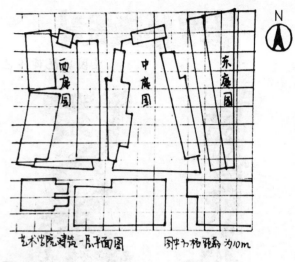

图9-25

表现形式不限，内容包括：

（1）平面图1∶300；

（2）整体鸟瞰图1张；

（3）分析图若干；

（4）标注尺寸并书写不少于100字的设计说明。

四、时间要求：设计时间为3小时。

题目：校园楼间绿地景观设计（图9-26）

作者：郅爽

表现方法：针管笔+马克笔+彩色铅笔

用纸：绘图纸

图纸尺寸：840mm×594mm

用时：3小时

点评设计

图面完整，设计意图表达清晰。作为3小时的快速设计，基本细节表现得较为完善，平面图采用自然式为主要形式，造型优美，形式感强；功能分区布局合理，交通组织、景观的营造到位。中庭院直接引入水体，在水体周边设置了活动区，满足了人们亲水活动的需求。西庭院的铺装贯穿整体，其中融入景观小品、彩叶植物使设计空间层次丰富。东庭院设计简练，使得三个庭院收放得当，整体效果好。

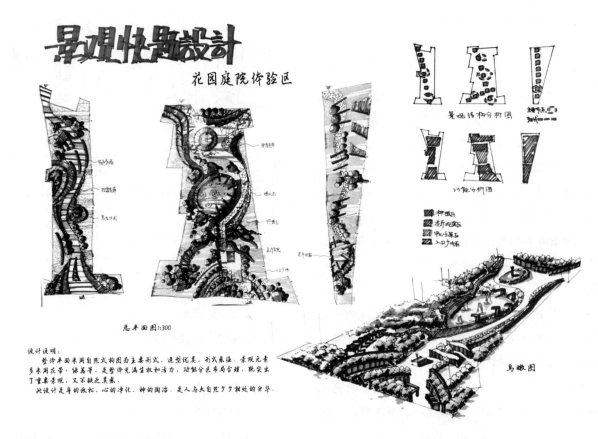

图9-26　校园楼间绿地景观设计

表现

版式较为工整，线稿相对保守，但马克笔上色较为稳重，不抢画面，平面图的表现比较精彩，画面中景观的细节画得比较细腻，景观元素刻画得非常到位。最后能用彩铅来压画面的整理效果，降低纯度，是画面色彩达到协调。作者在处理这幅画面时留白的空间很大，这样更好地突出画面的视觉中心，表现效果时不要面面俱到，抓大放小，但应绘制出建筑的外轮廓，这样才可说明所设计场地内外的关系。分析图绘制从颜色和形式上不够醒目，需进一步练习。

案例四：校园中心广场景观设计

一、基地概况

设计基址为华北某高校内，基址内地势平坦，土壤、土质良好，四周均设有教学楼，且与校园主干道相连，如图9-27所示（图中标注尺寸单位为cm）。

二、设计要求

（1）基址内加入水景及运动场地；

（2）满足校园的人流集散及美化校园的要求；

（3）设置休息设施，供师生交流、学习、休息。

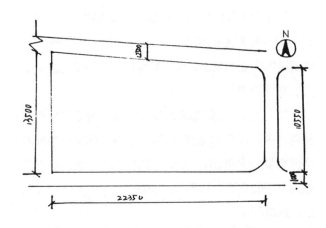

图9-27

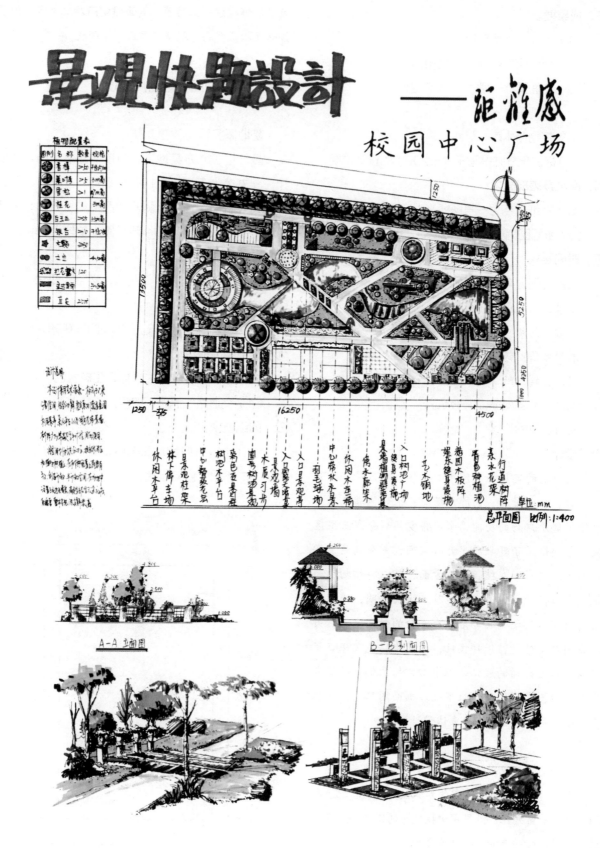

图9-28　校园中心广场景观设计

三、成果要求

（1）平面图比例自定；

（2）剖面图1~2张，比例自定；

（3）立面图1~2张，比例自定；

（4）透视图1~2张；

（5）植物苗木表；

（6）标注尺寸并书写不少于200字的设计说明。

四、图纸及表现要求

（1）图纸规格为一号图纸，限定为1张；

（2）所画图幅务必用色彩表现，表现技法不限。

五、时间要求

设计时间为4小时。

题目：校园中心广场景观设计（图9-28）

作者：阳媚

表现方法：针管笔+马克笔+彩色铅笔

用纸：绘图纸

图纸尺寸：840mm×594mm

用时：4小时

点评设计

该地块的定位为校园中心广场，内设景亭、亲水平台、特色景墙、树阵广场等，很好地满足了学生休闲娱乐广场的功能需求。将空间划分成三个区域，分别设置了开敞和半开敞空间，充分满足了学生的心理要求。在植物配植方面，可以将植物成为视觉中心，独立成景，景观节点主次分明，四周种植高大树木，使得北部地区有充分的封闭空间，另在公园转角处种植低矮模纹，既美化环境又保证了广场转角处交通的顺畅。但中心广场北侧、西侧未设置入口，交通的通达性不强。剖面图只有标高但无文字说明，没有很好地表达设计意图。

表现

平面图的表现比较精彩，色彩协调，线条娴熟。体现了设计者对马克笔一定的驾驭能力；植物配表和图例标注非常到位；效果图中植物画的很蓬松，没有过于拘泥枝叶的走向，将植物分为了近、中、远三个层次，越远的层次色彩越冷，近处相对较亮，但整体

效果不够理想；立面图、剖面图空间层次丰富，但墨线略显拘谨，马克笔使用需进一步强化。

案例五：校园图书馆前广场设计

一、基地概况：

基址位于北方某地区，为校园图书馆前广场设计，图书馆为三层，风格较为现代；基址东、西、南均为非机动车道，北侧紧邻图书馆主入口；基地内地势平坦，如图9-29所示（图上单位为mm）。

二、设计要求：

（1）满足师生休闲、娱乐、学习的要求，并要体现校园文化特色；

（2）设计需保证不低于45%的绿化率，使其成为校园主要绿地景观；

（3）以乡土物种为主，体现生态特色；

（4）交通路线流畅，保障人流集散。

三、图纸要求：

设计中所有内容均在1张A2图纸上完成。图纸表现形式不限，内容包括：

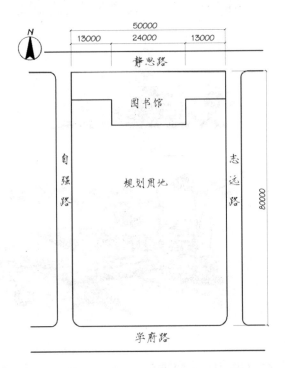

图9-29

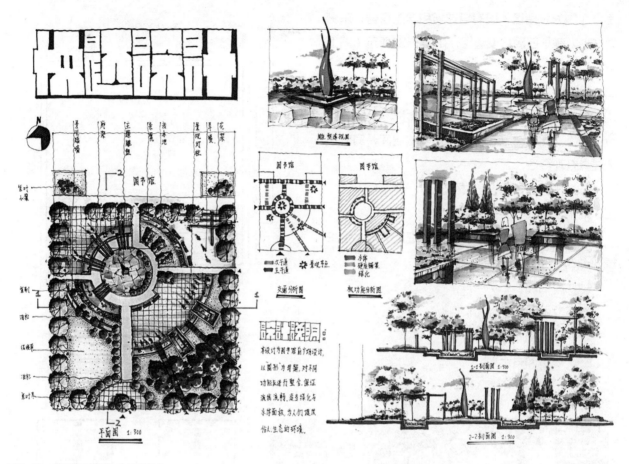

图9-30 校园图书馆前广场设计

（1）平面图一张，比例自定；

（2）剖面图两张，比例自定；

（3）重要节点效果图1~2张；

（4）必要文字说明。

四、时间要求

时间为6小时

题目：校园图书馆前广场设计（图9-30）

作者：刘星烁

表现方法：针管笔+马克笔+彩色铅笔

用纸：绘图纸

图纸尺寸：594mm×420mm

用时：6小时

点评设计

此地块的设计为校园图书馆前广场，流线上具有良好的通达性，功能分区较为合理，既满足了师生日常休憩、学习上的要求，也为校园绿地营造出一个生态空间。平面图整体较为和谐，中心广场具有聚集性，且疏密得当。

表现

构图紧密，线条流畅，剖面图表现丰富，有层次。技法上，马克笔与彩铅的过渡较为自然，营造出了较好的空间氛围。透视图力求多个角度的表现，但应注意空间尺度的把握。

案例六：校园滨水景观设计

一、基地概况

基址位于西安市某高校内，为校园滨水景观设计，地形平坦。基址外南侧为教学楼前广场；基址内南侧设有教学楼，西侧为多个教学所用阶梯教室，北侧为生活区，设有篮球场和学生宿舍，东侧为林地，基址四周均设道路，如图9-31所示（图上单位为mm）。

二、设计要求

（1）充分利用滨水特性，设置亲水景观；

（2）满足学生活动集散所需要的空间，同时景观要具有观赏性；

（3）设计要体现校园文化。

三、成果要求

设计中所有内容均在1张A2图纸上完成。图纸表现形式不限，内容包括：

（1）平面图，比例自拟；

（2）立面图若干，比例自拟；

（3）效果图若干；

（4）分析图若干；

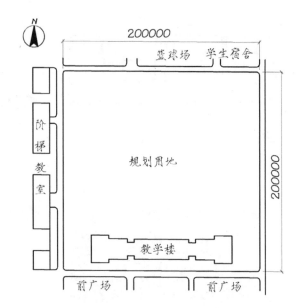

图9-31

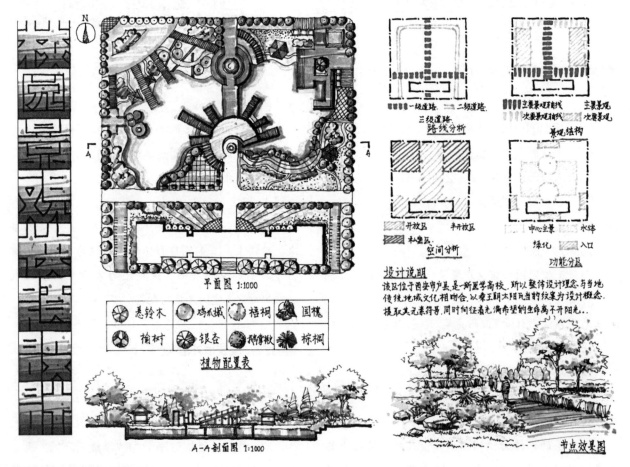

图9-32　校园滨水景观设计1

（5）标注尺寸并书写不少于100字的设计说明。

四、时间要求：设计时间为4小时。

题目：校园滨水景观设计1（图9-32）

作者：张雨婷

表现方法：针管笔+马克笔

用纸：绘图纸

图纸尺寸：594mm×420mm

用时：4小时

点评设计

该设计平面较为丰富、活泼，但各个节点略显孤立。木栈道在尺度与形式上应再做考虑。水的边缘形状较为自然，但引水面积过大，不能满足场地的集散要求。教学楼周围应留有消防通道。

表现

图纸整体表现清新、自然。剖面图与效果图交代丰富，有层次感。分析图详尽。平面图硬质铺装的颜色应再做考究，同时平面图应交代地块周围的环境，才可保证设计与环境融合。

题目：校园滨水景观设计2（图9-33）

作者：郅爽

表现方法：针管笔+马克笔

用纸：绘图纸

图纸尺寸：594mm×420mm

用时：4小时

点评设计

滨水设计为平面增加活力与生命力，并为师生提供一个亲水的氛围，若再增加亲水空间，例如连

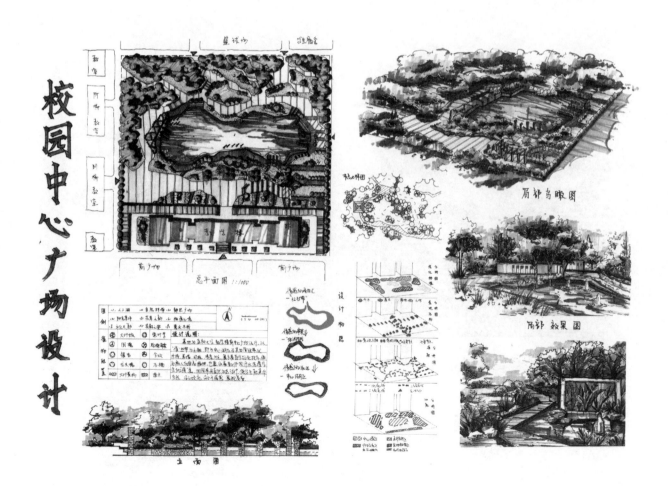

图9-33　校园滨水景观设计2

接桥梁、伸长木栈道等，不仅打破略微呆板的水面，也会使平面更为丰富。其次，硬质铺装略微单一，且尺度过大，植物的选择单调，应考虑植物的色相、季相变化，丰富空间。

表现

表现手法活泼、熟练。但应注意细节，例如影子方向保持一致、立面图要交代详细，做适当标注。值得提倡的是分析图采用"千层饼"形式，更为直观。

题目：校园滨水景观设计3（图9-34）

作者：韩颖

表现方法：针管笔+马克笔

用纸：绘图纸

图纸尺寸：594mm×420mm

用时：4小时

点评设计

该设计交通流线通畅，整体上主次分明，设计思路清晰。但应把握平面图的尺度感，木栈道的折线形式与周围曲线风格略显不搭，使其过于突兀。植物配置应再丰富一些，绿化过多，应有必要的硬质铺装，满足人流的集散。

表现

平面图表现效果略显单一，剖面图、效果图颜色清新，剖面图地形丰富选择，值得提倡。

题目：校园滨水景观设计4（图9-35）

作者：马草甫

表现方法：针管笔+马克笔

用纸：绘图纸

图纸尺寸：594mm×420mm

用时：4小时

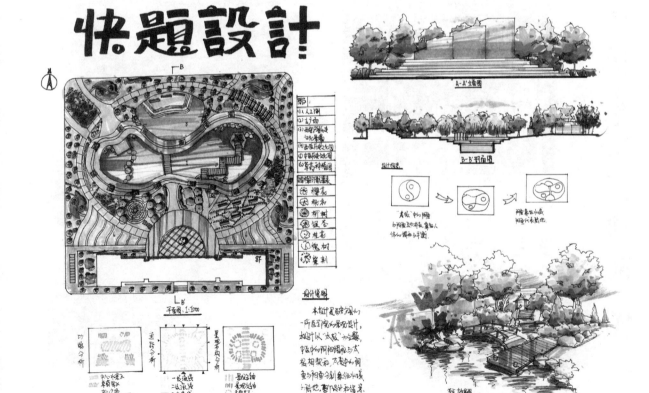

图9-34　校园滨水景观设计3

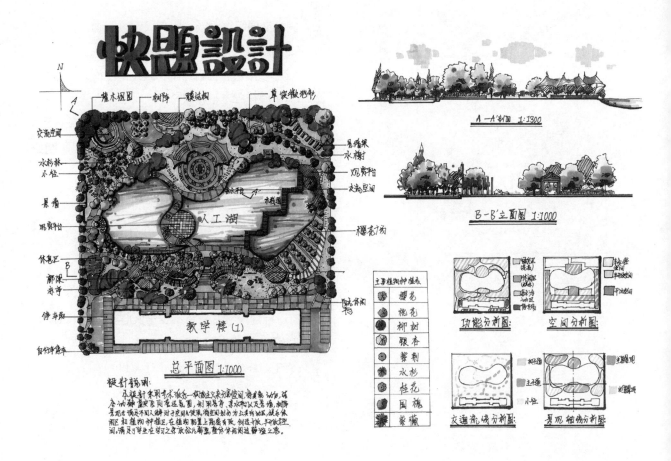

图9-35 校园滨水景观设计4

点评设计

　　平面图整体表现丰富，植物配置交代详尽，硬质铺装整体且有变化。交通流线通达，各个景观节点主次分明，且有串联型。不足之处，水域形状有些呆板，且木栈道折线形式与整个风格不融，其次应把握尺细节设计的度感。

表现

　　整体用色和谐，有层次。表现手法丰富，熟练。剖面图应有适当标注，无效果图，在规定的时间内要完成任务书的要求，这是考生应重视的。

9.2.5　居住区景观设计类

案例一：居住区绿地景观设计

一、设计概况

　　基址为我国华北某城市居住区的公共绿地，周围紧邻居住区机动道路，基址总面积为10000平方米，内部地势平坦，建筑分布其中，如图9-36所示（单位为mm）。

二、设计要求

　　（1）要求在分析基址和周围环境关系的基础

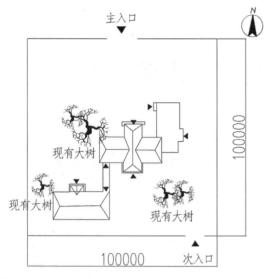

图9-36

上，保证交通组织流畅，出入口设置明确；

（2）注意原有大树的合理保留；

（3）设置供居住者休闲、娱乐的空间；

（4）绿化率不低于45%。

三、图纸要求

设计中所有内容均在2张A2图纸上完成。图纸表现形式不限，内容包括：

（1）总平面图1张，比例1：500；

（2）分析图若干，比例自定；

（3）效果图2～3张；

（4）剖面图1～2张，比例自定；

（5）植物苗木表；

（6）标注尺寸并书写不少于100字的设计说明。

四、时间要求：设计时间为6小时。

题目：居住区绿地景观设计（图9-37）

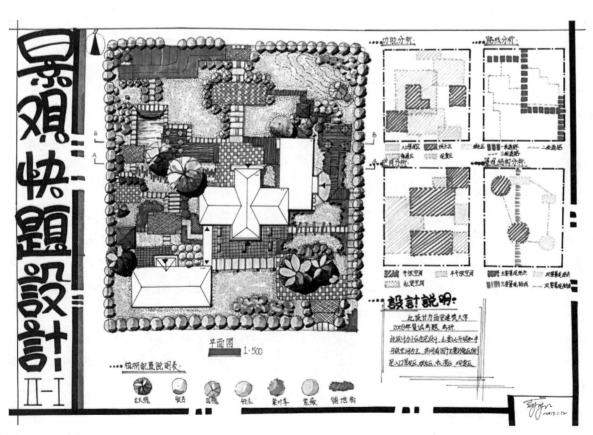

图9-37　a.

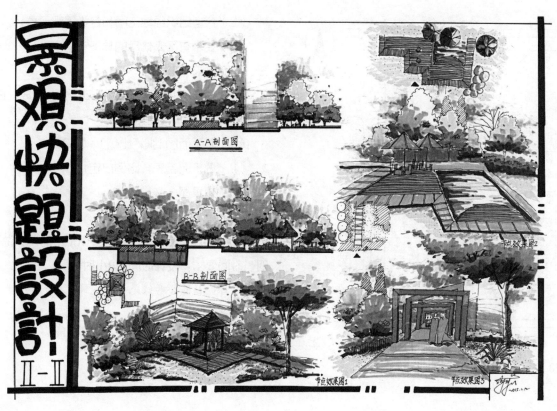

图9-37　b.

作者：时金菊

表现方法：针管笔+马克笔

用纸：绘图纸

图纸尺寸：594mm×420mm

用时：6小时

点评设计

该设计整体布局较合理，结构较为清晰，设计基本功能与现状地形密切结合，保留了场地内原有树种，对待保留树种没有做硬质空间设计，当成了孤植的观赏树，周围设置小型休闲空间，把高大树木的作用最大化，道路设置合理，成为整个设计布局的脉络和骨架，木栈道和水景的融入使得设计更加自然。彩叶树种的运用，增加了视觉美感和景观的季相变化。细化的铺装设计使得设计的层面更高了一层，增添了场所的氛围。平面图、立面图没有适当的说明性文字。

表现

图面整体效果良好，但整体的板式设计过于紧凑；技法上，墨线的绘制有些拘谨，马克笔的运用较为熟练，色彩鲜明；效果图、立面图刻画的主次不够明确，精细度不够；分析图绘制到位，很好地说明了设计意图。

案例二：社区公共绿地景观设计

一、设计概况

基址为我国西部某大型居民社区公共绿地，基址外围均为居民楼及商业底商总面积约为15000平方米，基地平坦，如图9-38所示。

二、设计要求

（1）在分析基地和周围环境关系的基础上，对该社区绿地的功能、空间、设施等进行组织安排，要求功能合理、环境优美；

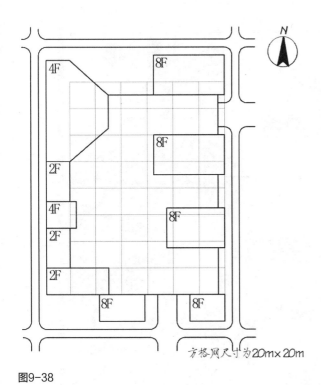

图9-38

（2）合理组织绿地空间和各类景观元素；

（3）要求有工人休息的林下空间。

三、图纸要求

设计中所有内容均在1张A2图纸上完成。图纸表现形式不限，内容包括：

（1）总平面图1张，比例1∶300；

（2）分析图若干，比例自定；

（3）效果图一张；

（4）植物苗木表；

（5）标注尺寸并书写不少于100字的设计说明；

四、时间要求：设计时间为3小时

题目：社区公共绿地景观设计（图9-39）

作者：时金菊

表现方法：针管笔+马克笔

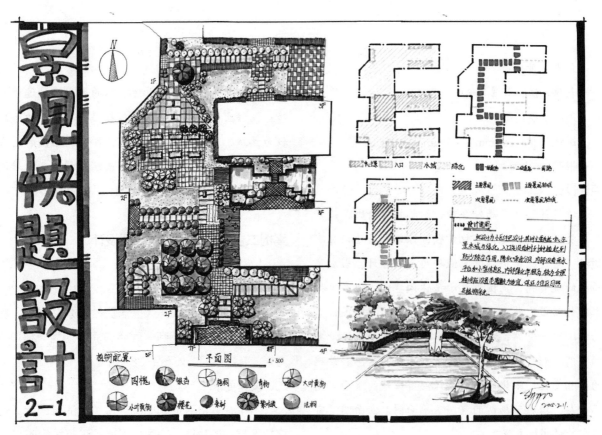

图9-39

用纸：绘图纸

图纸尺寸：594mm×420mm

用时：3小时

点评设计

　　该设计布局合理，疏密得当，营造了轻松惬意的空间氛围，不仅能较好地满足人们休息放松的生理心理需求，而且也较好地满足了社区公共绿地景观的审美需求；设计者设置大量的草坪与暖色的铺地相结合，给人一种舒适、休闲之感；设计者将中心位置周围设置有高大树木，为居民提供了一个散步、乘凉的环境，满足了设计任务书中设计休息的林下空间的要求；设计中的硬质铺装进行了细化设计，增加了设计的深度，但设计的特征性不强，建议设计者以文化立意，从而增强设计的文化内涵，提高设计的层次和品位。同时值得注意的是平面图中应有相应的文字标注。

表现

　　整体构图紧凑，技法上线条流畅活泼，画面整体色彩搭配和谐，营造了一种舒适、闲适的气氛。明暗对比较弱，用笔概括，有很好的画面感。平面绘制比较精彩，效果图没有把最精彩的景观节点绘制出来，有些可惜。分析图形式感强，可供学习。

案例三：别墅庭院设计

一、基地概况

　　基址位于我国华北某城市，属高档小区内别墅庭院设计，基地内地势平坦，东、南、西、北均设有道路，具体如图9-40所示（图中方格网为5m×5m）。

二、设计要求

　　（1）满足使用者生活、休闲、娱乐的功能，充分营造一个安逸、舒适、自然的居住环境；

　　（2）区分院内人、车流线，设计停车场位置；

　　（3）采用乡土树种，体现生态原则。

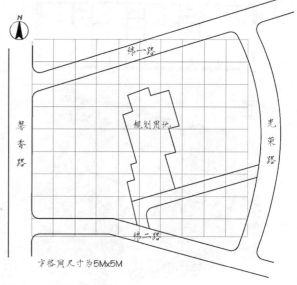

图9-40

三、成果要求

　　（1）平面图，比例自定；

　　（2）主要景观节点剖面图2张，比例自定；

　　（3）透视图若干；

　　（4）分析图若干；

　　（5）节点大样图若干；

　　（6）标注尺寸并书写不少于100字的设计说明。

四、图纸及表现要求

　　（1）图纸规格为二号图纸；

　　（2）所画图幅务必用色彩表现，表现技法不限。

五、时间要求：设计时间为6小时。

　　题目：别墅庭院景观设计（图9-41）

　　作者：刘星烁

　　表现方法：针管笔+马克笔+彩色铅笔

　　用纸：绘图纸

　　图纸尺寸：594mm×420mm

　　用时：6小时

点评设计

　　园内交通流畅，人车分流合理。室外景观设计为平面增添活力，植物与材质的多样性为场地的丰富性起到积极的作用。功能分析明确，平面图以几何形为主，有形与无形的曲线使平面图更加活泼。

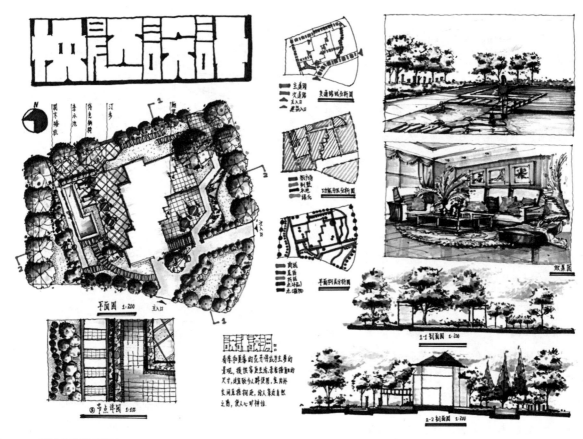

图9-41　别墅庭院景观设计

植物配置较丰富，整体上营造了一个舒适、自然、怡人的空间。

表现

表现手法丰富，线稿详尽。美中不足，室外景观效果图过为简略，在图面表达上，室内应与室外景观做适当的交代，并与室外景观保持关联。

9.2.6　旅游度假区景观设计类

案例：主题度假酒店外环境景观设计

一、设计概况

基址位于我国南方滨海城市（图9-42），东侧不远处有河，南侧不远处有海，西侧为村庄，北侧为规划预留建筑用地，整体地势西北高，东南低，面积12万平方米左右。酒店为改善内部环

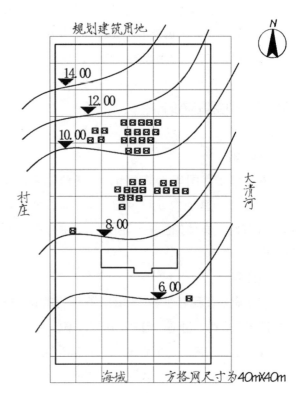

图9-42

境，适应市场需求，对现有主题度假酒店进行外环境景观设计。

二、设计要求

（1）充分利用基地的环境和内部特征，通过景观规划设计使其成为游者休息娱乐的主题空间；

（2）基地要求有鲜明的主题，住宿餐饮为一体的建筑和能够亲近自然的休闲活动场地；

（3）在原有建筑外环境的基础上进行合理设计。

三、图纸要求

设计中所有内容均在1张A2图纸上完成。图纸表现形式不限，内容包括：

（1）总平面图一张，比例自拟；

（2）重要节点的透视图1~2张；

（3）主要建筑外观效果图1~2张；

（4）标注尺寸并书写不少于100字的设计说明。

四、时间要求

设计时间为6小时

题目：主题度假酒店外环境景观设计（图9-43）

作者：张家子

表现方法：针管笔+马克笔+彩色铅笔

用纸：绘图纸

图纸尺寸：594mm×420mm

用时：6小时

点评设计

该设计较为完整，作为6小时的快速设计，符合任务书的要求，该地块的定位为主题度假酒店外环境景观设计，内设人工水景、休闲凉亭、特色铺装等，很好地满足了主题度假酒店的功能需求。此设计功能布局明确，以点线面的设计手法，分散布置，采用泰式风格的酒店设计，并结合中国古典园林的曲径通幽来体现富于变化的景观空间，体现了

图9-43

人与自然的和谐统一。景观节点主次分明，景观节点和景观的轴线联系紧密，明确的一级道路、二级道路很好的贯穿了设计。在植物配置上，整体呈围合状，使得与外界适当隔离，而内部组团又局部围和，达到了开放与私密相结合，丰富着整体的设计。

表现

整体排版合理，图面完整，颜色搭配活泼，设计意图表达清晰。技法上，马克笔与彩铅的过渡较为自然，营造出了较好的空间氛围，笔触处理得很是符合画面各局部的相应位置，但在效果图的绘制上透视有待推敲，如进一步完善会更加合理。整体来说不失为一幅比较优秀的快速设计作品。

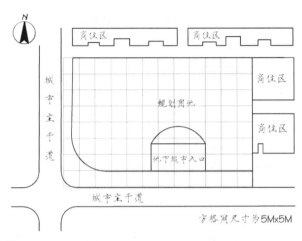

图9-44

9.2.7　商业街景观设计类

案例：商业街前广场景观设计

一、基地概况

该地区位于华北某城市商业街前广场，基址地形平坦，地下为超市，北部、东部为商住区，南部、西部临城市主干道，如图9-44所示。

二、设计要求

（1）基址人流量较多，为城市繁华商业地带，应满足周边居民及购物人群的休闲、娱乐；

（2）设计要求不改变原有地形；

（3）基址地下为超市，不可种植高大乔木；

（4）绿化率不低于40%。

三、成果要求

设计中所有内容均在1张A2图纸上完成。图纸表现形式不限，内容包括：

（1）平面图，比例自定；

（2）立面图1~2张，比例自定；

（3）鸟瞰图1张；

（4）分析图若干；

（5）标注尺寸并书写不少于150字的设计说明。

四、时间要求

设计时间为6小时。

题目：**商业街前广场景观设计**（图9-45）

作者：**刘星烁**

表现方法：**针管笔+马克笔+彩铅**

用纸：**绘图纸**

图纸尺寸：594mm×420mm

用时：6小时

点评设计

平面设计手法较为现代，但略显空旷，应运用丰富的景观元素营造更加富有空间变化的视线关系；作为商业区街前广场，设计上既满足了人流集散功能，也为人们提供了一个休息、娱乐场所。空间色彩丰富，符合商业街的特性，塑造了较为合理的场所氛围。

表现

表现手法较为熟练，马克笔笔触流畅、灵动，用色大胆；分析图绘制明确，有很好的说服力。但上方透视图应注意透视、比例关系；剖面图应选择最丰富的、最具变化的空间，此剖面图略显单调。

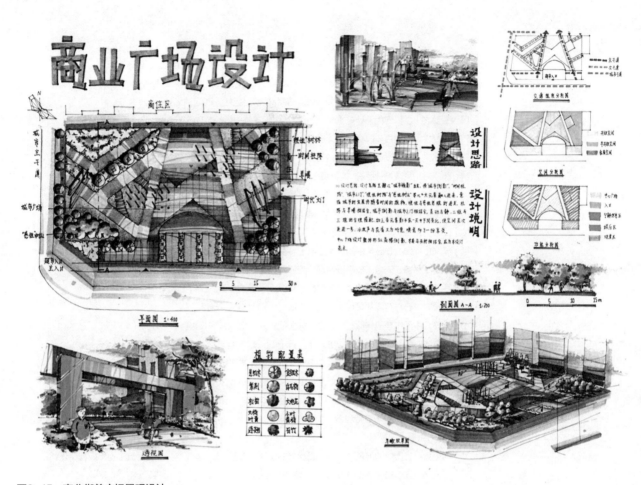

图9-45　商业街前广场景观设计

参考文献

[1] 刘滨谊. 现代景观规划设计（第二版）[M]. 南京：东南大学出版社，2005.

[2] 彭泽立. 设计概论 [M]. 长沙：中南大学出版社，2004.

[3] 李砚祖. 艺术设计概论 [M]. 湖北：湖北美术出版社，2005.

[4] 王受之. 世界现代设计史 [M]. 北京：中国青年出版社，2002.

[5] 周维权. 中国古典园林史（第三版）[M]. 北京：清华大学出版社，1990.

[6] 俞孔坚. 景观设计：专业学科与教育 [M]. 北京：中国建筑工业出版社，2003.

[7] 郝赤彪. 景观设计原理（第1版）[M]. 北京：中国电力出版社，2009.

[8] 胡焕庸. 世界气候的地带性与非地带性 [M]. 北京：科学出版社，1981.

[9] 林玉莲、胡正凡. 环境心理学（第3版）[M]. 北京：中国建筑工业出版社，2012.

[10] [丹麦]扬·盖尔. 交往与空间 [M]. 何人可译. 北京：中国建筑工业出版社，2002.

[11] 熊文愈. 山石在园林中的应用 [M]. 南京：江苏科学技术出版社，1994.

[12] 于佳、杨睿、宋力. 植物景观设计的原则和方法 [J]. 园林，2006，（3）.

[13] 罗倬. 浅谈植物在园林景观中的作用 [J]. 北京农业，2011，（11）.

[14] 李灵军. 石材在园林景观中的应用 [D]. 西南大学，2007.

[15] 张玲. 中国古典园林置石在现代园林景观中的应用[J]. 农技服务，2010，（11）.

[16] 韦立华. 置石在园林景观中的应用分析 [J]. 现代园艺，2013，（14）.

[17] 李国庆等. 景观小品在景观设计中的作用及设计方法初步探讨 [J]. 中国科技博览2009（17）：26.

[18] 章祝联. 浅谈现代城市与景观建筑 [J]. 山西建筑，2007，（2）.

[19] [美]凯文·林. 城市的印象 [M]. 方益萍、何晓军译. 北京：华夏出版社，2011.

[20] [美]阿尔伯特J·拉特利奇. 大众行为与公园设计 [M]. 王求是、高峰译. 北京：中国建筑工业出版社，1990.

[21] 何小青. 都市中的屏风——城市景观墙的设计与应用 [M]. 北京：中国建筑工业出版社，2010.

[22] 汪国瑜. 汪国瑜文集 [M]. 北京：清华大学出版社，2003.

[23] 郭榕榕. 园林中的墙 [D]. 北京：北京林业大学，2009.

[24] [日]芦原义信. 外部空间设计 [M]. 尹培桐译. 北京：中国建筑工业出版社，1985.

[25] [俄]瓦西里·康定斯基著. 点·线·面——抽象艺术的基础 [M]. 罗世平译. 上海：上海人民美术出版社，1998.

[26] [明]计成著、赵农注释. 园冶图说 [M]. 济南：山东画报出版社，2003.

[27] 蔡吉安、蔡镇钰. 建筑设计资料集（第二版）第3册 [M]. 北京：中国建筑工业出版社，1994.

[28] 易西多. 景观创意与设计 [M]. 武汉：武汉理工大学出版社，2005.

[29] [美]克莱尔·库柏·马库斯. 卡罗琳·弗朗西斯. 人性场所：城市开放空间设计导则 [M]. 俞孔坚等译. 北京：中国建筑工业出版社，2001.

[30] [美]迈克·W·林著、王毅译. 设计快速表现技法（第1版）[M]. 上海：上海人民美术出版社，2006.

[31] 王晓俊. 风景园林设计 [M]. 南京：江苏科学技术出版社，2009.

[32] [美]格兰特·W·里德等. 陈建业等译. 园林景观设计：从概念到形式 [M]. 南京北京：中国建筑工业出版社，2005.

[33] [日]菅原进一. 环境·景观设计技术 [M]. 金华议. 大连：大连理工大学出版社，2007.

[34] [美]尼尔·科克伍德. 景观建筑细部的艺术——基础、实践与案例研究 [M] 杨晓龙译. 北京：中国建筑工业出版社，2005.

[35] [美]尼尔伊丽莎白·巴洛·罗杰斯. 世界景观设计——文化与建筑的历史 [M] 韩炳越、曹娟译. 北京：中国林业出版社，2005.

[36] 徐文辉. 范义荣. 蔡建国. 杭州市城市道路绿化的初步研究 [J]. 中国园林，2002，（3）.

[37] 邱巧玲. 城市干道绿化的几个问题 [J]. 中国园林，2002，（3）.

[38] 邓涛. 旅游区景观设计原理 [M]. 北京：中国建筑工业出版社，2007.

[39] 丁山、曹磊. 景观艺术设计 [M]. 北京：中国林业出版社，2011.

致谢

本书的完成得到了亲朋、学友和学生等的大力支持和帮助：

审稿人曹福存教授，博士，大连工业大学；黄缨教授，博士，西安建筑科技大学。感谢两位教授在审稿的同时为本书提出了许多宝贵意见及有价值的国内外照片。教师时坚、奥雅景观与建筑规划设计有限公司设计师王新翠、意格建筑规划设计有限公司设计师康丽为本书提供了多幅手绘作品。

在编写过程中，感谢河北建筑工程学院建筑与艺术学院学生刘星烁、李坤妍、郅爽、和睿讷、刘晓蕾、王梦儒、李兴辕为本书作出的贡献。

感谢我们的学生，是他们的学习热情给予了我们信心和鼓励。

谨对以上提及的亲朋好友和学生表示诚挚的感谢。

图书在版编目（CIP）数据

景观设计方法／张迪妮等编著. —北京：中国建筑工业
出版社，2018.2
高校风景园林与环境设计专业规划推荐教材
ISBN 978-7-112-21713-7

Ⅰ.①景… Ⅱ.①张… Ⅲ.①景观设计－高等学校－教材
Ⅳ.①TU983

中国版本图书馆CIP数据核字（2017）第325145号

责任编辑：杨　琪　王美玲
书籍设计：付金红
责任校对：焦　乐

高校风景园林与环境设计专业规划推荐教材

景观设计方法

张迪妮　李　磊　郭晓君　代学民　编著

*

中国建筑工业出版社出版、发行（北京海淀三里河路9号）
各地新华书店、建筑书店经销
北京锋尚制版有限公司制版
北京京华铭诚工贸有限公司印刷

*

开本：880×1230毫米　1/16　印张：12¾　字数：335千字
2018年6月第一版　2018年6月第一次印刷
定价：**49.00**元
ISBN 978－7－112－21713－7
（31551）